Methoden zur Risikomodellierung und des Risikomanagements

Konrad Wälder · Olga Wälder

Methoden zur Risikomodellierung und des Risikomanagements

Konrad Wälder
Fakultät Maschinenbau, Elektro- und Energiesysteme
BTU Cottbus-Senftenberg
Senftenberg, Deutschland

Olga Wälder
MINT-Fakultät
BTU Cottbus-Senftenberg
Senftenberg, Deutschland

ISBN 978-3-658-13972-8 ISBN 978-3-658-13973-5 (eBook)
DOI 10.1007/978-3-658-13973-5

Die Deutsche Nationalbibliothek verzeichnet diese Publikation in der Deutschen Nationalbibliografie; detaillierte bibliografische Daten sind im Internet über http://dnb.d-nb.de abrufbar.

Springer Vieweg

Gedruckt auf säurefreiem und chlorfrei gebleichtem Papier.

Springer Vieweg ist Teil von Springer Nature
Die eingetragene Gesellschaft ist Springer Fachmedien Wiesbaden GmbH
Die Anschrift der Gesellschaft ist: Abraham-Lincoln-Strasse 46, 65189 Wiesbaden, Germany

Vorwort

Das vorliegende Buch verfolgt das Ziel, dem Leser Verfahren der Risikomodellierung und des Risikomanagements nahezubringen.

Das Buch ist gleichermaßen für Studierende an Hochschulen oder Universitäten und Praktiker geeignet, die sich in ihrer betrieblichen Praxis mit Risiken befassen müssen.

Die behandelten Inhalte beruhen auf einer langjährigen Lehrtätigkeit in den Gebieten Risiko- und Qualitätsmanagement und in statistischen Grundlagenfächern. Zudem fließen Erfahrungen aus der betrieblichen Weiterbildung, insbesondere aus dem Bereich der Six Sigma-Methode ein.

Anlass für die Verfassung des Buches ist die zunehmende Bedeutung des Risikomanagements für Organisationen und Unternehmen aller Bereiche und Branchen. Es sei daran erinnert, dass mit der Revision der Qualitätsmanagement-Norm DIN EN ISO 9001 im Jahr 2015 Unternehmen, die sich nach dieser Norm zertifizieren lassen möchte, verpflichtet werden, Methoden des Risikomanagements anzuwenden bzw. einen risikobasiertes Qualitätsmanagementsystem einzuführen.

Besonderer Wert wird auf die Vermittlung wird auf die Vermittlung praxisrelevanter Methoden gelegt, wobei teilweise auch auf die Verwendung von Software-Tools wie R, Minitab oder JMP verwiesen wird.

Neben der Vermittlung anwendungsorientierter Methoden ist es das zweite Hauptanliegen des Buches, Methoden, die bisher überwiegend im Bereich der Finanzwirtschaft eingesetzt werden, auf den technischen bzw. ingenieurwissenschaftlichen Bereich zu übertragen. Risikokennzahlen wie Value-at-Risk oder Tail Value-at-Risiko sind beispielsweise im technischen Zusammenhang bislang kaum bekannt, obwohl sich gerade dort viele sinnvolle Anwendungen ergeben.

Im Buch wird eine spezifische Variante der Six Sigma-Methode vorgestellt, mit der ein projektorientiertes Risikomanagement ermöglicht wird. Ein klassisches Risikomanagement nach ISO 31000 beruht auf dem PDCA-Zyklus und der kontinuierlichen Verbesserung. Zweifelsohne gibt es aber Risiken, bei denen eine Verbesserung in kleinen Schritten unangebracht ist.

Letztendlich soll mit diesem Buch auch ein Beitrag zur weiteren Verbreitung des Risikomanagements im Sinne eines bewussten und wissenschaftlichen Umgangs mit Risiken geleistet werden.

Wir hoffen, mit diesem Buch dem Leser aufzeigen zu können, wie wichtig, sinnvoll und notwendig es ist, Methoden des Risikomanagements in allen Bereichen einzusetzen.

Dem Springer Verlag, vertreten durch Herrn Ralf Harms, sei für die stets angenehme und geduldige Zusammenarbeit herzlich gedankt.

Senftenberg, Juli 2016

Inhaltsverzeichnis

1 Der Risikobegriff

Das Wort Risiko wurde aus dem Italienischen entlehnt und leitet sich von *risico* ab. Bereits im 16. Jahrhundert wurde der Begriff für kaufmännische Gefahren und Wagnisse verwendet, die unerwartet und nicht vorhersehbar eintraten. Im Laufe der Zeit wurde der Risikobegriff erweitert und verändert, die grundsätzliche Interpretation einer unvorhersehbaren Gefahr blieb dabei allerdings – zumindest in der umgangssprachlichen Verwendung – erhalten. Im etymologischen Wörterbuch der deutschen Sprache wird das vulgärlateinischen Substantiv für „Felsklippe" als Ursprung vermutet. Zweifelsohne stellt eine Klippe eine Gefahr für ein Schiff dar; mit vorausschauendem und klugem Handeln kann die Klippe aber umschifft werden und das Umschiffen der Klippe bietet möglichweise ganz neue Möglichkeiten aller Art. In diesem Sinne hat sich mit Chance der Gegenpart zum Risiko herausgebildet. Unabhängig von Begriffen des Risikomanagements ist sich heutzutage nach diversen Finanzmarktkrisen fast jeder Kleinanleger der Chancen und Risiken seiner Investments bewusst.

Natürlich hat der Risikobegriff Eingang in viele Disziplinen gefunden. In der Ökonomie wird in der Regel nicht zwischen positiven und negativen Auswirkungen eines unsicheren Ereignisses unterschieden. Unternehmerisches Risiko umfasst nicht nur die negativen Verluste, sondern auch die positiven Gewinne im Sinne einer Chance. Somit bezieht sich Risiko allgemeiner auf die zufallsbehaftete Möglichkeit der Veränderung von Werten und Zahlungen bzw. ganz direkt auf die zufallsbedingte Veränderung.

Der Umgang mit Risiken ist die Grundlage der Versicherungswirtschaft. Die Idee, ein vom Einzelnen nicht zu bewältigendes Risiko, auf die Gesamtheit der Versicherten zu übertragen und damit beherrschbar zu machen, begründet das Handeln einer privatwirtschaftlich oder auch solidarisch organisierten Versicherungsgesellschaft.

Da Risiko oftmals in Verbindung mit unsicheren, d. h. zufälligen Ereignissen steht, ist Risiko Gegenstand von Betrachtungen der Statistik und Stochastik. Beschreibt eine Zufallsvariable, wie oben bereits erwähnt, die Wertänderung eines Objektes, das für ein Unternehmen, eine Person, eine Kapitalanlage, usw. stehen kann, so ist das Risiko gerade durch diese Zufallsgröße gegeben. Für das Risiko können somit statistische Kenngrößen

K. Wälder, O. Wälder, *Methoden zur Risikomodellierung und des Risikomanagements*,
DOI 10.1007/978-3-658-13973-5_1

wie Erwartungswert und Streuung analysiert werden; über eine Betrachtung der zugehörigen Verteilungsfunktion kann eine Risikobewertung erfolgen, etwa dahingehend, dass die Wahrscheinlichkeit bestimmt wird, dass die Wertveränderung eine vorgegebene Grenze überschreitet.

Einen weiteren Risikobegriff liefert die Statistik mit der Definition des Risikos als Eintrittswahrscheinlichkeit eines Fehlers. Mit dem Risiko 1. Art wird beispielsweise die Wahrscheinlichkeit bezeichnet, einen Fehler 1. Art zu begehen, d. h. eine statistische Nullhypothese fälschlicherweise abzulehnen. Diese Risikodefinition leitet direkt zu Anwendungen in der Qualitätssicherung und im Qualitätsmanagement über. Das Risiko des Fehlerschlupfs bezeichnet die Wahrscheinlichkeit, ein fehlerhaftes Teil nicht als solches zu erkennen. Im Gegensatz dazu steht das Risiko des Pseudofehlers, d. h. der Wahrscheinlichkeit, ein konformes Teil als fehlerhaft zu klassifizieren. Bei Wareneingangsprüfung spielen das Lieferanten- oder Produzentenrisiko sowie das Abnehmer- bzw. Konsumentenrisiko eine wichtige Rolle. Wieder geht es um die Wahrscheinlichkeit einer Fehlentscheidung. Beim Lieferantenrisiko wird eine konforme Lieferung vom Abnehmer fälschlicherweise abgelehnt; beim Abnehmerrisiko wird die fehlerhafte Lieferung aufgrund einer Fehlentscheidung akzeptiert. Ganz offensichtlich lässt sich eine solche fehlerbasierte Risikodefinition leicht auf ingenieurtechnische Anwendungen übertragen: Risiko kann beispielsweise für die Wahrscheinlichkeit eines Maschinenausfalls oder eines Produktionsstillstandes stehen. Hier ist dann auch die Verbindung zur Zuverlässigkeitstheorie zu sehen, wo Risiko zudem über die so genannte Ausfallrate, d. h. der Ausfallwahrscheinlichkeit bei einer gegebenen ausfallfreien Zeit, beschrieben wird.

Im Qualitätsmanagement wird Risiko als zweidimensionale Größe aufgefasst. Risiko ist die Kombination aus Eintrittswahrscheinlichkeit und Schadenshöhe. Diese Zweidimensionalität stellt einen Informationszuwachs verglichen mit dem Erwartungswert dar: Tritt mit einer Wahrscheinlichkeit von 50 % ein Schaden in Höhe von 1000 € ein, so beträgt der Erwartungswert des Schadens natürlich 500 €. Tritt nun mit einer Wahrscheinlichkeit von 0,5 % ein Schaden von 100.000 € ein, ergibt sich der gleiche Erwartungswert. Für konkrete Maßnahmen im Rahmen eines Risikomanagementsystems ist die Kenntnis oder zumindest die Einschätzung beider Größen ganz offensichtlich von entscheidender Bedeutung.

In diesem Beispiel ist die Schadenshöhe eine deterministische Größe. Natürlich ist dies eine Vereinfachung, da das Schadensausmaß wiederum von verschiedenen Einflüssen abhängen kann. Beispielsweise verursacht ein Maschinenausfall einen höheren Schaden, wenn ein Kundenauftrag termingerecht erfüllt werden muss, als wenn kein Termindruck besteht. Daher ist es naheliegend, auch die Schadenshöhe als Zufallsgröße zu betrachten. Entsprechende Schadensverteilungen werden in Kap. 3 betrachtet.

Auf der Grundlage des Risikobegriffs lassen sich nun auch das Risikomanagement und ein Risikomanagementsystem definieren. In Anlehnung an die Definition eines Qualitätsmanagementsystems (vgl. [3] und [4]) kann die folgende Definition formuliert werden.

► **Definition** Ein Risikomanagementsystem definiert alle Grundsätze, Prozesse, Methoden, Zuständigkeiten und Bezeichnungen zur Umsetzung des Risikomanagements der Organisationseinheit. Das Risikomanagement der Organisationseinheit fasst alle risikobezogenen Aktivitäten der Organisationseinheit bzw. des Unternehmens zusammen.

Der Begriff des Risikomanagementsystems ist in obiger Form noch nicht in einer Norm verankert. Die ISO 31000:2009 definiert zunächst nur „risk management framework", siehe [11]. Da bei unseren Betrachtungen konkrete risikobezogene Maßnahmen im Vordergrund stehen, ist die obige „Arbeitsdefinition" völlig ausreichend.

2 Grundlegende Methoden zur Risikomodellierung

Methoden zur Risikobewertung sind in der Regel Bestandteil von Qualitätsmanagementsystemen nach DIN EN ISO 9001. In der revidierten DIN EN ISO 9001:2015 wird sogar ein risikobasierte Ansatz hervorgehoben. Allerdings schreibt diese Norm, die 2016 Gültigkeit erlangt hat, keine speziellen Methoden zur Risikoidentifikation und Risikobewertung vor.

In diesem Kapitel sollen daher zunächst Methoden beschrieben werden, die ohne stochastische Modellannahmen umgesetzt werden können.

2.1 FMEA: Failure Mode and Effects Analysis

FMEA ist zunächst eine Methode zur Risikobewertung. Um die Abkürzung auch im Deutschen verwenden zu können, wird das Akronym FMEA als *Fehler-Möglichkeits- und Einflussanalyse* ausgeschrieben. Der Einfachheit halber ist es aber sinnvoller unter FMEA einfach eine Auswirkungsanalyse zu verstehen.

Die FMEA wird insbesondere in der Entwicklungsphase neuer Produkte oder der Definition neuer Prozesse angewandt. Insbesondere Lieferanten von Serienteilen für die Automobilhersteller sind gegenüber ihren Kunden zur Anwendung der Methode verpflichtet.

FMEA folgt dem Grundgedanken einer vorsorgenden Fehlerverhütung anstelle einer nachsorgenden Fehlererkennung und -korrektur durch eine frühzeitige Identifikation und Bewertung potenzieller Fehlerursachen und stellt somit ein Werkzeug zur Qualitätsplanung dar.

Hinsichtlich der Zielstellung und der Verwendung unterscheidet man verschiedene FMEA-Arten:

Die so genannte *Konstruktions-FMEA* wird üblicherweise nach der Fertigstellung eines Produktentwurfes erstellt; sie soll potenzielle Fehler des Entwurfes aufdecken mit dem Ziel, einen konstruktiv fehlerfreien Entwurf erhalten.

K. Wälder, O. Wälder, *Methoden zur Risikomodellierung und des Risikomanagements*,
DOI 10.1007/978-3-658-13973-5_2

Die *Prozess-FMEA* setzt nach der Erstellung von Arbeitsplänen und Verfahrensanweisungen an. Sie soll potenzielle Fehler in den Fertigungsplänen aufdecken und zu einem fehlerfreien Fertigungsprozess führen.

Eine *System-FMEA* orientiert sich am betrachteten Gesamtsystem und zielt insbesondere auf Risiken beim Zusammenwirken der einzelnen Komponenten ab. Das System kann dabei für eine komplexe Methode wie beispielsweise ein Qualitätsmanagementsystem, eine Organisation oder auch für ein Produkt stehen.

Das Qualitäts Management Center (QMC) im Verband der Automobilindustrie (VDA) fasst im Hinblick auf die Konstruktion und Fertigung eines bestimmten Produktes Konstruktions- und System-FMEA zur so genannten Produkt-FMEA zusammen. In VDA Band 4 werden Produkt- und Prozess-FMEA ausführlich erläutert, siehe [15].

Grundlage einer FMEA ist die so genannte Risikoprioritätszahl (RPZ), mit der jeder aufgetretene oder potenzielle Fehler (Störung, Problem, etc.) bewertet wird.

► **Definition** Die Risikoprioritätszahl (RPZ) ergibt sich als Produkt aus Auftretenswahrscheinlichkeit (A), Bedeutung (B) und Entdeckungswahrscheinlichkeit E:

$$\mathrm{RPZ} = \mathrm{A} \cdot \mathrm{B} \cdot \mathrm{E}. \tag{2.1}$$

Die Faktoren A, B und C werden mit dabei Bewertungszahlen von 1 bis 10 belegt.

► **Wichtig** Je höher die Bewertung von A ist, desto wahrscheinlicher ist das Auftreten des betrachteten Fehlers.
Je höher die Bewertung von B ist, desto gravierender ist die Auswirkung des Fehlers.
Je höher die Bewertung von E ist, desto geringer ist die Entdeckungswahrscheinlichkeit des Fehlers.

Die Bewertungssystematik für E geht davon aus, dass jeder Fehler irgendwann entdeckt wird. Am billigsten aus Sicht eines Produzenten ist es natürlich, den Fehler möglichst früh zu entdecken und zu eliminieren. Mit der Bewertung E = 10 wird der Fehler mit hoher Wahrscheinlichkeit während der Konstruktion oder Fertigung zunächst nicht entdeckt, sondern erst später durch den Kunden. Ganz offensichtlich ist das aus wirtschaftlicher Sicht der ungünstigste Fall.

Die Festlegung der Bewertungszahlen hängt vom konkreten Anwendungsfall ab. Im Idealfall werden beispielsweise die Auftretens- und Entdeckungswahrscheinlichkeiten A und E mit Verteilungsmodellen verknüpft. E = 1 bedeutet dann, dass der Fehler mit einer Wahrscheinlichkeit von 99,99 % entdeckt wird. Bei E = 10 kann der Fehler nur mit einer Wahrscheinlichkeit oder auch Sicherheit von maximal 90 % nachgewiesen bzw. entdeckt werden. Entsprechend steht A = 1 führt einen Fehler bei einer Million Fälle, d. h. ppm = 1 (ppm: parts per million). Liegt die Fehlerwahrscheinlichkeit zwischen 5 % und 10 % (ppm = 50.000 bis ppm = 100.000), so wird die Bewertung A = 10 vorgenommen.

Tab. 2.1 FMEA-Bewertungszahlen

Bewertung	A	B	E
1	Seltenes Auftreten	Unbedeutender Fehler	Sicheres Entdecken
5	Gelegentliches Auftreten	Mittelschwerer Fehler	Wahrscheinliches Entdecken
10	Häufiges Auftreten	Schwerer Fehler	Entdeckung unwahrscheinlich

Tab. 2.2 FMEA-Formblatt (vereinfacht): Produkt-FMEA

Nr.	Fehler	A	B	E	**RPZ**	Ursachen	Maßnahmen
1	Farbfehler	1	2	2	**4**	Mitarbeiter	Schulung
2	Ausfall der Steuerung	8	10	2	**160**	Software	Update
3	Oberflächenschaden	4	4	4	**64**	Transport	Verpackung verbessern

Der obige Idealfall setzt empirische Daten aus der Produktion, der Qualitätssicherung, dem Reklamationswesen, usw. und entsprechende Wahrscheinlichkeitsmodelle voraus. Problematisch ist nun, dass gerade bei potenziellen Fehlern eines neuentwickelten Produkts kein Datenmaterial verfügbar sein dürfte. Es empfiehlt sich dann eine gröbere Bewertung vorzunehmen wie sie Tab. 2.1 entnommen werden kann.

Ziel einer FMEA ist es, mittels der RPZ, die Bedeutung und den Rang eines Fehlers abzuschätzen, um hieraus Prioritäten für die zu ergreifenden Maßnahmen abzuleiten. Eine FMEA kann mittels eines Formblattes in analoger oder digitaler Form durchgeführt werden. Neben der RPZ können Aussagen zu den Fehlerursachen und zu Abstell- bzw. Vermeidungsmaßnahmen hinterlegt werden.

Tab. 2.2 kann ein vereinfachtes Formblatt mit einer einfachen, beispielhaften Risikobewertung entnommen werden. Ganz offensichtlich sollte Fehler Nr. 2 mit höchster Priorität eliminiert werden.

Die Interpretation der RPZ ist wieder anwendungsabhängig. Bei vielen Anwendungen wird als Grenzwert RPZ $= 125$ verwendet.

► **Wichtig** Fehler mit einer Risikoprioritätszahl von mindestens 125 sind als kritisch zu betrachten und sollten vermieden werden.

2.2 Die Risikomatrix

Die Risikomatrix, auch als Risikograph bezeichnet, dient der einfachen grafischen Darstellung der Auftretenswahrscheinlichkeit eines Fehlers und des Schadensausmaßes. Abb. 2.1 zeigt die vereinfachte Darstellung einer Risikomatrix.

Analog zur FMEA müssen die Auftretenswahrscheinlichkeit und die Bedeutung (hier Schadensausmaß) eines Fehlers eingeschätzt werden. Wird das Risiko mit 1 bewertet, so kann es akzeptiert werden. Bei einer Bewertung von 4 oder 5 kann das Risiko nicht ak-

Abb. 2.1 Risikomatrix

Schadensausmaß	Auftretenswahrscheinlichkeit		
	gering	mittel	hoch
existenzbedrohend	4	5	5
groß	3	4	5
mittel	2	3	4
gering	1	2	3
vernachlässigbar	1	1	2

zeptiert werden; es sind Gegenmaßnahmen erforderlich. Führt die Bewertung zu 2 oder 3, kann nach dem *ALARP-Ansatz* vorgegangen werden. ALARP bedeutet „as low as reasonably practicable" also sinngemäß „so niedrig, wie vernünftigerweise praktikabel". Es handelt sich dabei um ein Prinzip der Risikoreduzierung und besagt, dass Risiken auf das Maß reduziert werden sollen, welches den höchsten Grad an Sicherheit (bzw. das geringste Risiko) garantiert, der vernünftigerweise praktikabel ist: Dies bedeutet zum Beispiel, dass bei der Produktentwicklung Maßnahmen gegen identifizierte Produktrisiken nur dann umgesetzt werden müssen, wenn sie mit einem finanziell und technisch vertretbaren Aufwand realisierbar sind.

Ähnlich einer FMEA kann die Auftretenswahrscheinlichkeit daten- bzw. modellbasiert oder eher subjektiv festgelegt werden. Die Risikomatrix gehört allerdings zu den einfachen Methoden der Risikobewertung. Üblicherweise wird eine Risikomatrix im Rahmen der ersten Schritte einer Risikoanalyse oder zur Risikodarstellung verwendet.

► **Wichtig** FMEA dient zur Risikodarstellung, Risikoreduzierung und Risikoakzeptanz.

2.3 Quality Gates

Quality Gates stellen eine weitere theoretisch einfache Methode des Risikomanagements dar. Quality Gates-Konzepte werden in der Fertigungsindustrie (Automobil- und Luftfahrtbranche) und in der Softwareentwicklung erfolgreich eingesetzt. Ein Quality Gates-Konzept stellt eine Schnittstelle zwischen Qualitätsmanagement und Controlling dar.

Die Methode basiert auf einem regelmäßigen Risikomonitoring bzw. -controlling. Zu vorgegebenen Zeitpunkten erfolgt eine Risikobewertung, beispielsweise in Form eines Ampelmodells, wobei die Ampelfarben für einen Abbruch (rot), eine Fortsetzung (grün) oder eine detailliertere Untersuchung (orange) stehen, siehe Abb. 2.2. Die Umsetzung kann auf Checklisten basieren und setzt die Anwendung spezifisch definierter Methoden voraus. Aus Sicht der Qualitätssicherung und des Qualitätsmanagements lässt sich ein Quality Gates-Konzept in einen kontinuierlichen Verbesserungsprozess (KVP) einbetten. Bei Entwicklungsprozessen orientiert sich der Risikobegriff an der Produktqualität. Bei Fertigungsprozessen wird zudem die Prozessstabilität betrachtet.

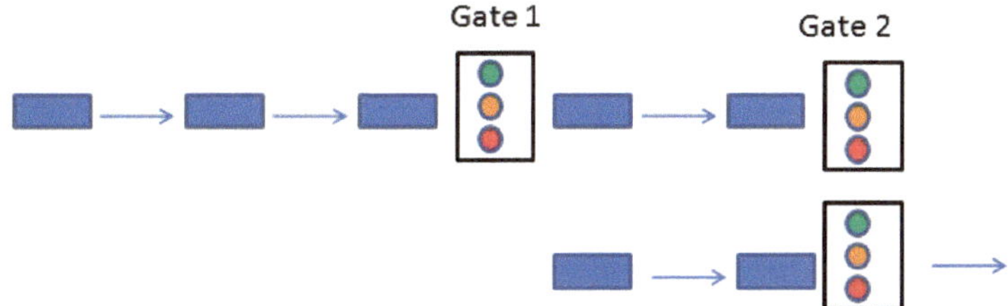

Abb. 2.2 Quality Gates (symbolische Darstellung)

> **Wichtig** Mit Quality Gates lassen sich Produktqualität und Prozessstabilität überwachen.

2.4 Fehlerbaumanalyse

Die Fehlerbaumanalyse (FBA bzw. FTA für fault tree analysis) entstand in den 1960er Jahren. Von den Bell Laboratories wurde ein Sicherheitssystem für die Startsteuerung der Minuteman-Interkontinentalraketen der USA basierend auf FBA entwickelt. Das offenbar überzeugende Konzept fand daraufhin Anwendung in der Raumfahrt- und Luftfahrtindustrie sowie in der Atomenergiewirtschaft. Ein recht ausführlicher historischer Überblick ist in [11] zu finden.

Die Fehlerbaumanalyse wird zur Risikoanalyse für komplexe Anlagen und Systeme verwendet. Ziele einer FBA sind sowohl die Identifikation von Fehler- bzw. Ausfallursachen als auch die Bestimmung von Eintrittswahrscheinlichkeiten für System- und Komponentenausfälle. Die theoretischen Grundlagen liegen in der Wahrscheinlichkeitsrechnung aber auch in der Booleschen Algebra. Vereinfacht dargestellt basiert die Boolesche Algebra auf Booleschen Funktionen, deren Argumente stets nur die Werte 0 oder 1 annehmen können, siehe (2.5) und Abb. 2.5. Aufgrund dieser Voraussetzungen kann die FBA auch im Rahmen von Simulationsstudien umgesetzt werden; entsprechende Algorithmen wurden schon seit den 1960er Jahren, also parallel zum Entstehen der Methode entwickelt.

Symbole der FBA und die Vorgehensweise werden in den Normen DIN 25424 und DIN EN 61025, siehe [6] und [7], beschrieben. Letztere Norm spricht nicht von einer Fehlerbaumanalyse, sondern einer Fehlerzustandsbaumanalyse.

Logische Verknüpfungen wie UND und ODER werden oft als Gatter dargestellt, vgl. Abb. 2.3.

Die grundlegende Vorgehensweise soll kurz mittels des folgenden Beispiels kurz erläutert werden. Abb. 2.4 zeigt den logischen Aufbau der Fehlerentstehung.

Zur Berechnung der Auftretenswahrscheinlichkeit sind grundlegende Aussagen der Wahrscheinlichkeitsrechnung erforderlich.

Abb. 2.3 FBA-Symbole

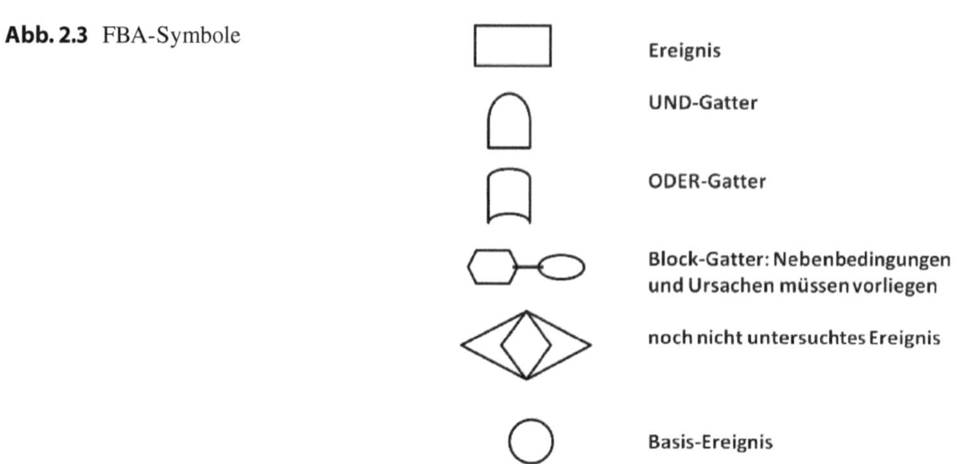

► **Definition** A und B seien zwei Ereignisse, die unabhängig voneinander eintreten.

Mit $P(\text{A})$ bzw. $P(\text{B})$ werden dann die Eintrittswahrscheinlichkeiten von A bzw. B bezeichnet. Für die logischen Verknüpfungen der Ereignisse gilt dann:

$$P(\text{A UND B}) = P(\text{A}) \cdot P(\text{B}) \text{ und} \tag{2.2}$$

$$P(\text{A ODER B}) = P(\text{A}) + P(\text{B}). \tag{2.3}$$

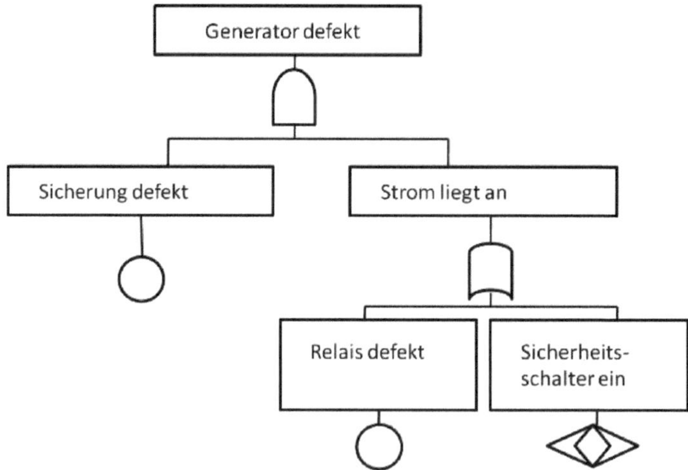

Abb. 2.4 FBA-Beispiel

Sind die Ereignisse nicht unabhängig, so gelten (2.2) und (2.3) nicht mehr. (2.3) verallgemeinert sich zu

$$P(\text{A ODER B}) = P(\text{A}) + P(\text{B}) - P(\text{A UND B}). \tag{2.4}$$

Beispiel

Das in Abb. 2.4 dargestellte System eines Generators besteht aus den Komponenten Sicherung, Strom, Relais und Sicherheitsschalter.

$$\begin{aligned} P(\text{Generator defekt}) &= P(\text{Sicherung defekt } \textbf{und} \text{ Strom liegt an}) \\ &= P(\text{Sicherung defekt}) \cdot P(\text{Strom liegt an}). \end{aligned}$$

Weiterhin gilt:

$$P(\text{Strom liegt an}) = P(\text{Relais defekt}) + P(\text{Sicherheitsschalter ein}).$$

Insgesamt gilt dann:

$$\begin{aligned} P(\text{Generator defekt}) = {} & P(\text{Sicherung defekt}) \cdot P(\text{Relais defekt}) \\ & + P(\text{Sicherung defekt}) \cdot P(\text{Sicherheitsschalter ein}). \end{aligned}$$

Im Rahmen einer Fehlerbaumanalyse ist auch die so genannte Ausfallfunktion von Bedeutung.

► **Definition** Die Ausfallfunktion $A(x_1, \cdots, x_n)$ eines Systems bestehend aus n Komponenten ist eine Boolesche Funktion mit

$$A(x_1, \cdots, x_n) = \begin{cases} 1, & \text{System ausgefallen} \\ 0, & \text{System nicht ausgefallen} \end{cases}. \tag{2.5}$$

Die Argumente x_1 bis x_n beschreiben den Zustand der Komponenten, wobei 1 wiederum für einen Ausfall und 0 für die Funktionsfähigkeit steht.

Sind alle Komponenten in Reihe geschaltet, so gilt:
$A(x_1, \cdots, x_n) = 1 - ((1 - x_1) \cdot \cdots \cdot (1 - x_n))$ und im Fall einer Parallelschaltung aller Komponenten $A(x_1, \cdots, x_n) = \min\{x_1, \cdots, x_n\}$.

Die Ausfallfunktion lässt sich anschaulich auf der Grundlage von Blockschaltbildern herleiten. Dies soll an Hand des folgenden Beispiels kurz erläutert werden.

Beispiel

Abb. 2.5 zeigt ein System aus 4 Komponenten in Reihen- und Parallelschaltung. Ganz offensichtlich gilt:

$$A(x_1, x_2, x_3, x_4) = 1 - (1 - x_1) \cdot (1 - x_2) \cdot (1 - \min\{x_3, x_4\}).$$

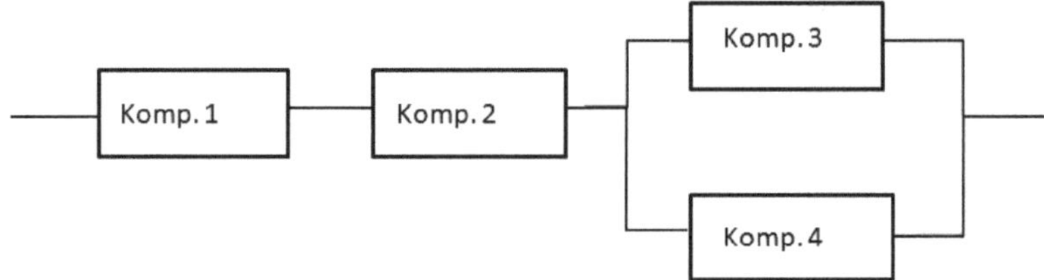

Abb. 2.5 Blockschaltbild für ein System aus 4 Komponenten

Die Ausfallwahrscheinlichkeit des Systems lässt sich nun ebenfalls herleiten. Sie entspricht

$$P(A(x_1, x_2, x_3, x_4) = 1)$$
$$= P(x_1 = 1) \cdot P(x_2 = 1) \cdot (P(x_3 = 1) + P(x_4 = 1) - P(x_3 = 1 \text{ UND } x_4 = 1)).$$

In Kombination mit dem Schadensausmaß, d. h. den Ausfallkosten, kann somit das Risiko dieses Systems quantifiziert werden.

Weitergehende Ausführungen zur Berechnung von Ausfallwahrscheinlichkeiten sind im Kapitel Zuverlässigkeitsanalyse zu finden.

► **Wichtig** Die Fehlerbaumanalyse dient sowohl der Identifikation von Fehlerursachen als auch der Quantifizierung von Eintrittswahrscheinlichkeiten und Risiken.

2.5 Kreativitätsmethoden

Neben den oben beschriebenen Verfahren und Methoden, die einer Risikobewertung dienen, kommen im Risikomanagement noch weitere Tools zum Einsatz, die als nicht-quantitative Verfahren eher auf eine Beschreibung oder Identifizierung von Risiken abzielen.

Die SWOT-Analyse (oder auch Stärken-Schwächen-Analyse) ist ein Verfahren oder eher eine Technik, die im Management eingesetzt wird, um die Stärken (Strengths), Schwächen (Weaknesses), Chancen (Opportunities) und Bedrohungen (Threats) einer Organisation, eines Projektes oder eines Prozesses zu erfassen und zu beschreiben. Die Schwächen und Bedrohungen können natürlich als Risiken interpretiert werden, die im Rahmen einer solchen SWOT-Analyse im Überblick und ohne eine vertiefende Analyse betrachtet werden.

Eine Umfeld- oder PEST-Analyse wird eingesetzt, um politische, ökonomische, soziale und technologische Risiken einer Organisation oder auch eines Investitionsvorhabens im Hinblick auf die zu beachtenden Rahmenbedingungen zu identifizieren.

Spezielle Risiken im Bereich der Produktentwicklung können in Rahmen einer Wettbewerbs- oder Five Forces-Analyse beschrieben werden. Die so genannten Wettbewerbskräfte (Forces) beziehen sich dabei auf

- den Eintritt von Wettbewerbern,
- die Bedrohung durch alternative Produkte (Substitute),
- die Verhandlungsstärke der Kunden,
- die Verhandlungsstärke der Lieferanten und
- die Rivalität unter allen Beteiligten.

Die Ergebnisse der oben beschriebenen Techniken werden oftmals in einem Risikokatalog zusammengefasst. Neben einer Darstellung der Risiken im Überblick erfolgt oftmals eine Kategorisierung der identifizierten Risiken, beispielsweise hinsichtlich der Ursachen, siehe [21].

Eine detaillierte Darstellung des Risikomanagements nach ISO 31000 erfolgt in Kap. 5.

> **Wichtig** Kreativitätstechniken können zu einer ersten Identifikation und Beschreibung von Risiken verwendet werden. Ein anschließender Einsatz quantitativer Methoden der Risikomodellierung ist in der Regel unerlässlich.

3 Statistische Methoden zur Risikomodellierung

Die bisher diskutierten Methoden zur Risikomodellierung basieren auf – möglicherweise subjektiven – Einschätzungen und weniger auf stochastischen Modellen. In diesem Abschnitt soll daher Risiko unter statistisch/stochastischen Modellannahmen beleuchtet werden.

Zunächst wird mit der so genannten Zuverlässigkeit von technischen Systemen und Komponenten ein spezieller Risikoaspekt betrachtet.

3.1 Zuverlässigkeitsanalyse

Der Begriff Zuverlässigkeitsanalysis wird in erster Linie im Zusammengang mit technischen Anwendungen verwendet. Viele Methoden und Modelle stammen allerdings ursprünglich aus der Medizin und Biologie, wo man dann von der Überlebensanalyse (survival analysis) spricht. Klassischerweise geht es in der Überlebensanalyse um Überlebenswahrscheinlichkeiten von Organismen, Tieren und natürlich auch Menschen, insbesondere im Hinblick auf bestimmte medikamentöse Behandlungen oder sonstige Eingriffe. Ganz offensichtlich können derartige Betrachtungen auf die Funktionsfähigkeit von technischen Systemen übertragen werden. Weitere Anwendungen sind in der Versicherungsmathematik zu finden. Bei der Kalkulation von Prämien für Lebens- und Rentenversicherungen spielen beispielsweise Überlebenswahrscheinlichkeiten im Hinblick auf Lebensjahre eine entscheidende Rolle.

3.1.1 Grundlegende Begriffe und Definitionen

Zunächst ist allerdings eine exakte Definition von Zuverlässigkeit notwendig. In der DIN EN ISO 9000 wird Zuverlässigkeit zwar definiert; die Norm beschreibt Zuverlässigkeit al-

K. Wälder, O. Wälder, *Methoden zur Risikomodellierung und des Risikomanagements*,
DOI 10.1007/978-3-658-13973-5_3

lerdings nur nicht-quantitativ als zusammenfassenden Ausdruck für die die Verfügbarkeit, Funktionsfähigkeit und Instandhaltbarkeit von technischen Anlagen und Produkten.

In der Qualitätssicherung wird dies üblicherweise quantifiziert, was zu der folgenden Definition führt.

► **Definition** Zuverlässigkeit ist die Wahrscheinlichkeit dafür, dass die Betrachtungseinheit (System, Komponente, Anlage, etc.) unter gegebenen Umgebungs- und Funktionsbedingungen während einer definierten Zeitdauer nicht ausfällt.

Die obige Definition wird meist in Form der so genannten Zuverlässigkeitsfunktion dargestellt. Hierfür betrachtet man zunächst eine Zufallsvariable T, die die Lebensdauer der Betrachtungseinheit beschreibt. Lebensdauer ist hier nicht im wortwörtlichen Sinne zu verstehen. Die Lebensdauer eines Systems kann die ausfallfreie Zeit in Betriebsstunden, die Laufleistung in km, die Anzahl der Lastwechsel, usw. sein.

► **Definition** T sei die Lebensdauer der Betrachtungseinheit. T ist eine stetig verteilte Zufallsgröße. Die Zuverlässigkeitsfunktion $R(t)$ dieser Betrachtungseinheit zum Zeitpunkt T ist durch

$$R(t) = P(T > t) \tag{3.1}$$

definiert.

Die stetige Verteilungsfunktion $F(t)$ der Zufallsgröße T mit

$$F(t) = P(T \leq t) = 1 - R(t) \tag{3.2}$$

wird dann auch als Unzuverlässigkeitsfunktion bezeichnet.

Die Wahrscheinlichkeitsdichte oder Dichte ist durch $f(t) = F'(t)$ gegeben.

Die Bezeichnung $R(t)$ orientiert sich am englischen „reliability“ für Zuverlässigkeit. Aus (3.2) folgt: $R(t) = 1 - F(t)$. Mit der Verteilung der Lebensdauer ist somit die Zuverlässigkeitsfunktion eindeutig bestimmt. Zudem folgt aus diesen beiden Formeln, dass sich Zuverlässigkeit und Unzuverlässigkeit an einer bestimmten Stelle stets zu 1 addieren: $R(t) + F(t) = 1$.

Um die Zuverlässigkeits- und die Unzuverlässigkeitsfunktion zu veranschaulichen, nehmen wir zunächst an, dass T normalverteilt ist mit Erwartungswert μ und Standardabweichung σ.

Abb. 3.1 zeigt die Wahrscheinlichkeitsdichte $f(t)$ der Normalverteilung mit $\mu = 100$ und $\sigma = 10$. Folgt eine Zufallsgröße bzw. Lebensdauer T einer solchen Normalverteilung, so ergibt sich $F(t)$ als Integral der Wahrscheinlichkeitsdichte bis zum betrachteten Zeitpunkt t:

$$F(t) = \int_{-\infty}^{t} f(x)\, dx. \tag{3.3}$$

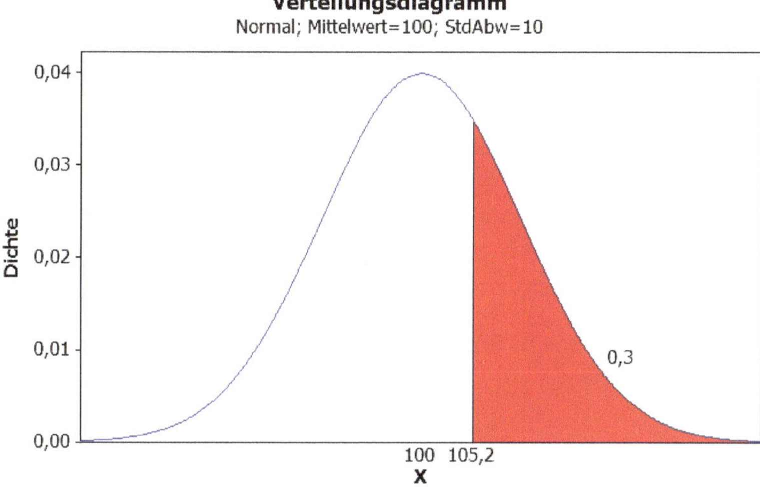

Abb. 3.1 $R(t)$ für eine normalverteilte Lebensdauer mit Erwartungswert 100 und Standardabweichung 10

Der Abbildung ist zu entnehmen, dass $R(105{,}2) = 0{,}3$ gilt, d. h. mit einer Wahrscheinlichkeit von 30 % überschreitet die Lebensdauer 105,2 Zeiteinheiten. Entsprechend gilt natürlich $F(105{,}2) = 0{,}7$. Dies folgt aus obiger Bemerkung zur Addition von Zuverlässigkeit und Unzuverlässigkeit, kann aber auch direkt der Abbildung entnommen werden, da die gesamte Fläche unter der Wahrscheinlichkeitsdichte 1 entspricht und somit die weiße Fläche bis 105,2 0,7 betragen muss.

In Abb. 3.1 wurde $R(t)$ nur für ein t visualisiert. Natürlich kann man $F(t)$ und $R(t)$ für alle t direkt darstellen, vgl. Abb. 3.2

Obwohl die Normalverteilung die am häufigsten verwendete Verteilung ist, ist sie zur Modellierung von Lebensdauern nicht unbedingt geeignet, da die Normalverteilung auch

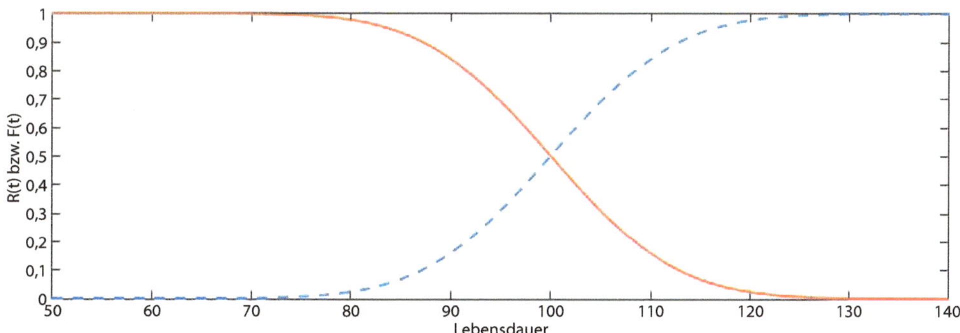

Abb. 3.2 $R(t)$ und $F(t)$ (*gestrichelt*) für eine normalverteilte Lebensdauer (Erwartungswert 100, Standardabweichung 10)

für $t < 0$ definiert ist. Üblicherweise verwendet man daher nur Verteilungsmodelle für nichtnegative Lebensdauern. Entsprechende Modelle werden in den folgenden Abschnitten diskutiert.

Wird ein Verteilungsmodell verwendet, so müssen die Parameter der Verteilung bestimmt bzw. angepasst werden. Dies funktioniert nur dann, wenn eine hinreichende Anzahl erfasster Lebensdauern vorliegt. Konkrete Anpassungsmethoden werden im Zusammenhang mit den Verteilungsmodellen besprochen.

Ein nicht-parametrischer, d. h. verteilungsfreier, Ansatz besteht darin, die empirische Verteilungsfunktion zu betrachten.

Definition Für eine Stichprobe $t_1, \ldots, t_n$ von Lebensdauern ist die empirische Verteilungsfunktion $F_{\text{emp}}(t)$ durch

$$F_{\text{emp}}(t) = \frac{\text{Anzahl der } t_i \text{ kleiner oder gleich } t}{n} \tag{3.4}$$

gegeben. Die empirische Zuverlässigkeitsfunktion $R_{\text{emp}}(t)$ ist dann durch

$$R_{\text{emp}}(t) = 1 - F_{\text{emp}}(t) \tag{3.5}$$

definiert.

Beispiel

Für die in Tab. 3.1 gegebenen Lebens- bzw. Brenndauern von Glühlampen sollen die empirische Verteilungsfunktion und die empirische Zuverlässigkeitsfunktion bestimmt werden.

Ganz offensichtlich muss gelten:

$$F_{\text{emp}}(t) = 0 \text{ für } t < 62 \text{ und } F_{\text{emp}}(t) = 1 \text{ für } t > 3477 \text{ bzw.}$$
$$R_{\text{emp}}(t) = 1 \text{ für } t < 62 \text{ und } R_{\text{emp}}(t) = 0 \text{ für } t > 3477.$$

Der komplette Verlauf der Funktionen kann Abb. 3.3 entnommen werden.

3.1.2 Exponentiell verteilte Lebensdauern

Die Exponentialverteilung ist eine Verteilung, die nur für nichtnegative Werte definiert ist.

Definition Für eine exponentiell verteilte Lebensdauer gilt:

$$F(t) = P(T \leq t) = 1 - e^{-\lambda t},\ t \geq 0 \tag{3.6}$$

bzw.

$$R(t) = e^{-\lambda t},\ t \geq 0. \tag{3.7}$$

Symbolisch schreibt man: $T \sim \text{Exp}(\lambda)$.

Tab. 3.1 Brenndauern in h von Glühlampen des gleichen Typs

I	1	2	3	4	5	6	7	8	9	10
t_i	3477	1419	62	1389	174	1255	1706	1359	206	1575

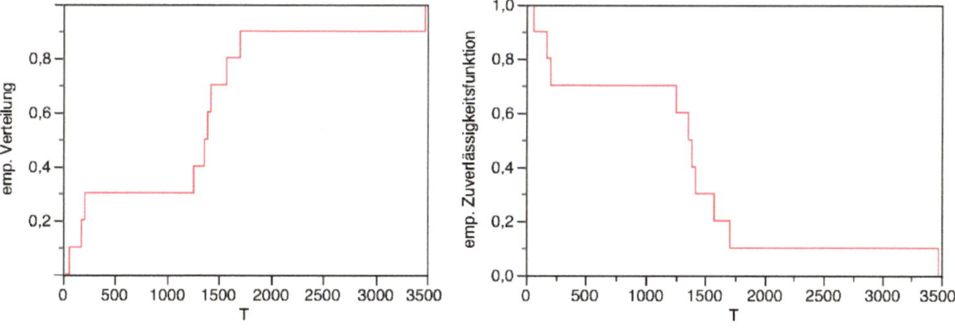

Abb. 3.3 Empirische Verteilungsfunktion (*links*) und empirische Zuverlässigkeitsfunktion für die Daten aus Tab. 3.1

Im Allgemeinen ist der Erwartungswert einer stetig verteilten Zufallsgröße T mit Dichte $f(t)$ durch

$$E(T) = \int_{-\infty}^{\infty} t \cdot f(t)\, dt \tag{3.8}$$

gegeben. Bei einer nicht-negativen Lebensdauer muss natürlich nur

$$E(T) = \int_{0}^{\infty} t \cdot f(t)\, dt$$

betrachtet werden. Für die Varianz von T gilt:

$$\operatorname{Var}(T) = E(T^2) - (E(T))^2 = \int_{-\infty}^{\infty} t^2 \cdot f(t)\, dt - (E(T))^2. \tag{3.9}$$

Für eine Lebensdauer reicht wieder die Integration ab Null aus.

Die Exponentialverteilung hängt nur von einem Parameter λ ab. Für die mittlere Lebensdauer bzw. den Erwartungswert und die Varianz ergibt sich nach (3.8) und (3.9):

$$E(T) = \frac{1}{\lambda}, \ \operatorname{Var}(T) = \frac{1}{\lambda^2}.$$

3.1.3 Weibull-verteilte Lebensdauern

Die Weibull-Verteilung stellt ein zentrales Verteilungsmodell der Zuverlässigkeitsanalyse dar. Dieses Verteilungsmodell liegt in einer zwei- und dreiparametrigen Variante vor.

Die zweiparametrige Weibull-Verteilung hängt von dem so genannten Formparameter b und dem Skalenparameter a ab. Der Formparameter b wird aus historischen Gründen auch als Ausfallsteilheit bezeichnet; die Größe t/a heißt relative Lebensdauer.

Definition T sei nun eine Weibull-verteilte Lebensdauer. Symbolische Schreibweise: $T \sim \text{Weibull}(a, b)$ mit $a, b > 0$. Die Verteilungs- bzw. Unzuverlässigkeitsfunktion ist dann folgendermaßen definiert:

$$F(t) = 1 - \exp\left(-\left(\frac{t}{a}\right)^b\right). \tag{3.10}$$

Für die Zuverlässigkeitsfunktion gilt:

$$R(t) = \exp\left(-\left(\frac{t}{a}\right)^b\right). \tag{3.11}$$

Aus obiger Definition ist ersichtlich, dass die Exponentialverteilung eine spezielle Weibull-Verteilung mit Formparameter $b = 1$ ist.

Die mittlere Lebensdauer, d. h. der Erwartungswert von T, wird mittels

$$E(T) = a\Gamma\left(1 + \frac{1}{b}\right)$$

berechnet, wobei $\Gamma(x)$ die so genannte Gamma-Funktion von x bezeichnet. Die Gamma-Funktion ist folgendermaßen definiert:

$$\Gamma(x) = \int_0^\infty t^{x-1} \cdot e^{-t}\, dt.$$

Sie ist tabelliert und kann mittels zahlreicher Mathematik- bzw. Statistik-Softwaretools ausgewertet werden.

Aus der oben dargestellten Verteilungsfunktion ergibt sich die Wahrscheinlichkeitsdichte

$$f(t) = F'(t) = \frac{b}{a}\exp\left(-\left(\frac{t}{a}\right)^b\right) \cdot \left(\frac{t}{a}\right)^{b-1}.$$

Abb. 3.4 zeigt die Dichte der Weibull-Verteilung für verschiedene Formparameter b. In Abhängigkeit von b ergeben sich verschiedene Dichteformen. Es sind sowohl monoton

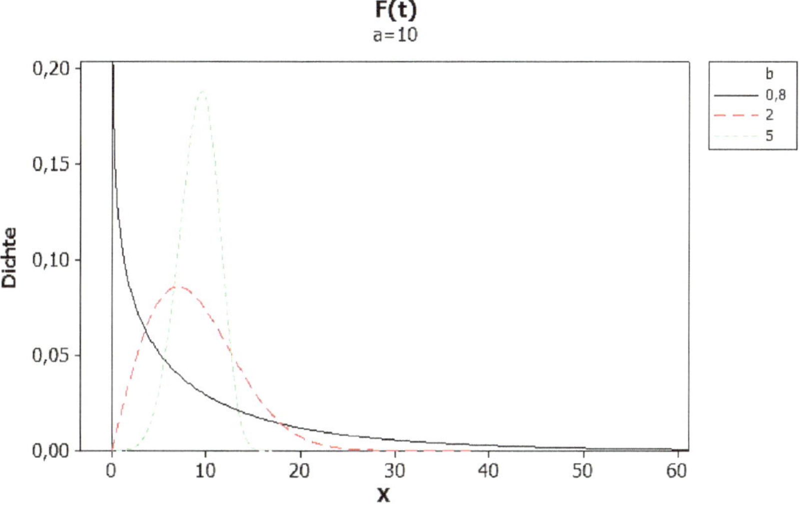

Abb. 3.4 Dichte der Weibull-Verteilung für verschiedene Formparameter

fallende Dichten möglich als auch Funktionen mit einer Maximumsstelle. Für größere b (in der Abbildung $b = 5$) erhält man eine Dichtefunktion die an die Gauß'sche Glockenkurve erinnert. Somit wird eine Normalverteilung für nicht-negative Lebenddauern approximiert. Hieraus folgt, dass die Weibull-Funktion ein allgemeines Verteilungsmodell darstellt, das verschiedene Lebensdauerverteilungen abbilden kann.

Die dreiparametrige Weibullverteilung besitzt neben dem Form- und Skalenparameter einen dritten Parameter t_0, der als Mindestlebensdauer bezeichnet wird (Schreibweise: $T \sim \text{Weibull}(t_0, a, b)$ mit $t_0, a, b > 0$).

Bei der dreiparametrigen Weibullverteilung ist die Zuverlässigkeitsfunktion durch

$$R(t) = \begin{cases} P(T > t) = \exp\left(-\left(\frac{t-t_0}{a-t_0}\right)^b\right), & t \geq t_0 \\ 1, & t < t_0 \end{cases} \tag{3.12}$$

gegeben. Mit $F(t) = 1 - R(t)$ ergibt sich natürlich wieder die Verteilungsfunktion der Lebensdauer. Auf eine Darstellung soll hier verzichtet werden,

Die mittlere Lebensdauer wird nun mittels

$$E(T) = t_0 + (a - t_0)\Gamma\left(1 + \frac{1}{b}\right)$$

bestimmt.

3.1.4 IDB-verteilte Lebensdauern

Die IDB-Verteilung, in der Literatur manchmal auch als Hjorth-Verteilung bezeichnet, stellt ein weiteres allgemeines Verteilungsmodell bereit, vgl. [8].

Die Bezeichnung IDB steht für Increasing, Decreasing und Bathtub. Die Erläuterung hierfür erfolgt im nächsten Abschnitt.

► **Definition** Die IDB-Verteilung wird von drei Parametern a, b und c definiert. Die Verteilungsfunktion ist durch

$$F(t) = 1 - \frac{\exp\left(-\frac{at^2}{2}\right)}{(1+bt)^{1+c/b}},\ t \geq 0 \tag{3.13}$$

gegeben.

Aus (3.13) ergibt sich unmittelbar die Zuverlässigkeitsfunktion, nämlich

$$R(t) = \frac{\exp\left(-\frac{at^2}{2}\right)}{(1+bt)^{1+c/b}}.$$

Die Wahrscheinlichkeitsdichte ergibt sich durch

$$f(t) = F'(t) = \frac{at(1+bt)+c}{(1+bt)^{1+c/b}} \exp\left(-\frac{at^2}{2}\right).$$

Erwartungswert und Streuung der Lebensdauer lassen sich nur numerisch bestimmen. Dies gilt auch für die Bestimmung der Verteilungsparameter.

3.1.5 Berücksichtigung des bedingten Risikos

Die oben eingeführte Zuverlässigkeits- und Unzuverlässigkeitsfunktion modellieren natürlich einen Risikoaspekt, decken aber nicht das komplette Ausfallverhalten ab. Dies soll zunächst an einem versicherungswirtschaftlichen Beispiel erläutert werden. Für die Kalkulation der Prämien einer Lebens- oder privaten Rentenversicherung ist die Lebensdauerverteilung einer versicherten Person im obigen Sinne offensichtlich wichtig. Die Lebensdauerverteilung berücksichtigt aber weder das Alter des Versicherungsnehmers bei Vertragsabschluss noch das jährliche Risiko, das bei der Leistung von jährlichen Prämien allerdings von entscheidender Bedeutung ist. Die Prämienkalkulation basiert daher auf einer so genannten Sterbetafel. Diese enthält Wahrscheinlichkeiten q_x getrennt für Männer und Frauen. q_x entspricht der Wahrscheinlichkeit, dass eine Person, die das x-te Lebensjahr vollendet hat, im Verlauf des $(x + 1)$-ten Jahres stirbt. Mit $p_x = 1 - q_x$ ist dann die Wahrscheinlichkeit gegeben, dass diese Person auch das $(x + 1)$-te Lebensjahr überlebt bzw. vollendet. Eine für Deutschland gültige Sterbetafel ist auf der Webseite des Statistischen Bundesamtes zu finden, siehe https://www.destatis.de/DE/ZahlenFakten/GesellschaftStaat/Bevoelkerung/Sterbefaelle/Tabellen/SterbetafelDeutschland.html.

Die Übertragung eines solchen Ansatzes auf den ingenieurwissenschaftlichen Bereich ist naheliegend: Es wird die Wahrscheinlichkeit betrachtet, dass eine Anlage, die eine bestimmte Periode funktioniert (überlebt) hat, innerhalb der nächsten Periode ausfällt.

Dieses bedingte Ausfallrisiko wird im technischen Zusammenhang mit der so genannten Ausfallrate (engl.: hazard rate) beschrieben.

► **Definition** T sei eine Lebensdauer mit Verteilungsfunktion $F(t)$ und Wahrscheinlichkeitsdichte $f(t)$. Die Ausfallrate $\lambda(t)$ wird dann folgendermaßen definiert:

$$\lambda(t) = \frac{f(t)}{1 - F(t)} = \frac{f(t)}{R(t)}. \tag{3.14}$$

Die Ausfallrate an der Stelle t multipliziert mit einer infinitesimal kleinen Zeitperiode δt ist gleich der Wahrscheinlichkeit, dass das betrachtete Objekt zwischen den Zeitpunkten t und $t + \delta t$ ausfällt unter der Voraussetzung, dass die ersten t Zeiteinheiten ausfallfrei überstanden wurden. Man kann daher die Ausfallrate auch in der Form

$$\lambda(t) = \lim_{\delta t \to 0} \frac{P(T \leq t + \delta t | T > t)}{\delta t} \tag{3.15}$$

schreiben. Im Zähler steht dabei die bedingte Wahrscheinlichkeit $P(T \leq t + \delta t | T > t)$.

Aus der Wahrscheinlichkeitsrechnung ist für die bedingte Wahrscheinlichkeit, dass ein Ereignis A eintritt unter der Bedingung, dass B auch eintritt, bekannt:

$$P(\mathrm{A}|\mathrm{B}) = \frac{P(\mathrm{A\ UND\ B})}{P(\mathrm{B})}.$$

Hieraus folgt:

$$\begin{aligned} P(T \leq t + \delta t | T > t) &= \frac{P(T \leq t + \delta t \text{ UND } T > t)}{P(T > t)} = \frac{\int_t^{t+\delta t} f(x)\,dx}{P(T > t)} \\ &= \frac{F(t + \delta t) - F(t)}{P(T > t)}. \end{aligned} \tag{3.16}$$

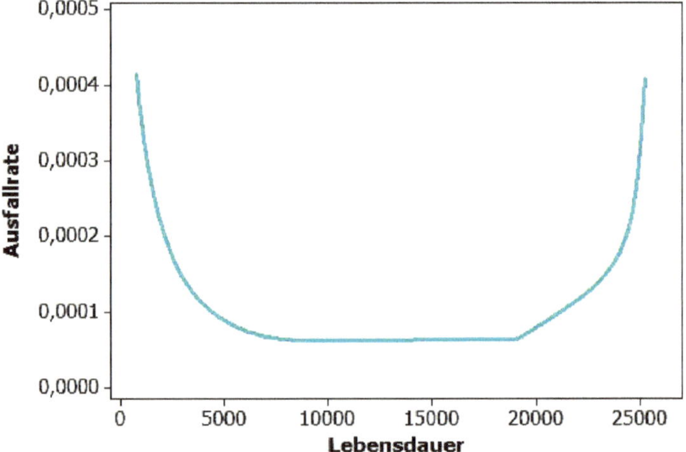

Abb. 3.5 Badewannenkurve

Aus der Differentialrechnung ist die Definition der ersten Ableitung bekannt, zudem ergibt die Ableitung der Verteilungsfunktion die Wahrscheinlichkeitsdichte:

$$F'(t) = \lim_{\delta t \to 0} \frac{F(t + \delta t) - F(t)}{\delta t} = f(t).$$

Mit $P(T < t) = 1 - F(t)$ folgt hieraus die obige Definition (3.14).

► **Wichtig** Ist eine Zeiteinheit klein im Verhältnis zu den betrachteten Lebensdauern, so kann $\lambda(t)$ als Wahrscheinlichkeit dafür interpretiert werden, dass das betrachtete Objekt nach t ausfallfreien Zeiteinheiten innerhalb der nächsten Zeiteinheit ausfällt.

Die Ausfallrate ist ein wichtiges Kriterium zur Kategorisierung des Ausfalltyps. Sinkt die Ausfallrate mit anwachsender Lebensdauer, so spricht man von so genannten *Frühausfällen*. Diese können beispielsweise bei Systemen auftreten, deren korrekte Bedienung Erfahrung und Spezialkenntnisse erfordert. Mit zunehmender Betriebsdauer können dann aus Bedienungsfehlern resultierende Ausfälle vermindert werden.

Zufallsausfälle sind Ausfälle, die unabhängig von der Lebensdauer t sind, d. h. $\lambda(t) = \lambda$ gilt. Zufallsausfälle treten oft bei elektronischen Bauteilen auf.

Spätausfälle liegen vor, wenn das Ausfallrisiko, d. h. die Ausfallrate, mit zunehmender Lebensdauer anwächst. Dies ist typischerweise dann der Fall, wenn die Auswahlwahrscheinlichkeit durch Verschleiß und Abnutzung mit zunehmender Betriebsdauer anwächst.

Diese Fälle werden in der so genannten Badewannenkurve dargestellt, siehe Abb. 3.5.

Die Interpretation der Ausfallkategorien ist naheliegend: Verschleißausfälle stellen gewissermaßen natürliche Ausfälle dar, die durch Alterung, Abnutzung, Verschleiß und ähnliche Effekte entstehen. Solche Ausfälle können durch eine präventive Instandhaltung verhindert bzw. es kann zumindest die Auftretenswahrscheinlichkeit reduziert werden.

Zufallsausfälle treten ganz offensichtlich zufällig auf. Das diesem Zufall unterworfene Ausfallrisiko hängt natürlich von der Streuung relevanter Prozesse ab. Eine Streuungsreduktion wird beispielsweise im Rahmen eines kontinuierlichen Verbesserungsprozesses (KVP) angestrebt, vgl. [17].

Frühausfälle stellen nun eine besonders gravierende Problematik dar, da sie im Rahmen von Garantie- oder Gewährleistungsverpflichtungen für Produzenten oder Lieferanten mit Kosten verbunden sein können. Unternehmen versuchen daher im Zusammenhang mit so genannten Null-Fehler-Programmen, Frühausfälle weitgehend auszuschließen, siehe hierzu auch [20].

Ganz offensichtlich hängen sinnvolle Instandhaltungsstrategien von der Ausfallkategorie ab. Eine ausführliche Darstellung hierzu ist beispielsweise in [18] zu finden.

Technische Komponenten können für ihre gesamte Lebensdauer einer festen Ausfallkategorie zugeordnet sein. Die Ausfallrate kann aber auch im Lauf des Lebenszyklus der Badewannenkurve folgen: Zunächst treten „Kinderkrankheiten“ auf; mit zunehmender Lebensdauer stabilisiert sich das System, so dass nur mit Zufallsausfällen zu rechnen ist. Ab einer bestimmten Lebens- oder Betriebsdauer macht sich zunehmend Verschleiß bemerkbar, was zu einer ansteigenden Ausfallrate führt.

Die obige Definition (3.14) lässt sich natürlich für die oben eingeführten Lebensdauerverteilungen explizit auswerten.

Wir betrachten zunächst eine exponentiell verteilte Lebensdauer $T \sim \text{Exp}(\lambda)$. Aus (3.6) folgt unmittelbar: $F'(t) = f(t) = \lambda e^{-\lambda t}$. Für die Ausfallrate erhält man dann:

$$\lambda(t) = \frac{\lambda e^{-t\lambda}}{e^{-t\lambda}} = \lambda.$$

Bei einer exponentiell verteilten Lebensdauer ergibt sich somit immer eine konstante Ausfallrate, die dem Verteilungsparameter entspricht. Da weiterhin $E(T) = \frac{1}{\lambda}$ bzw. $\lambda = \frac{1}{E(T)}$ gilt, kann die Ausfallrate mittels $\hat{\lambda} = \frac{1}{\bar{t}}$ geschätzt werden, wobei $\bar{t}$ der Mittelwert der erfassten Lebensdauern ist.

Beispiel

Wir betrachten die Daten aus Tab. 3.2. Unter der Annahme einer exponentiell verteilten Betriebsdauer sollen die Ausfallrate bzw. der Verteilungsparameter bestimmt werden.

Mit $\bar{t} = 416$ folgt $\hat{\lambda} = \frac{1}{416}$. Die Wahrscheinlichkeit, dass eine solche Komponente mit beliebiger Betriebsdauer innerhalb der nächsten – infinitesimal kleinen – Zeiteinheit ausfällt, beträgt somit $1/416$.

Tab. 3.2 Betriebsdauer einer elektronischen Komponente in Stunden

181	202	281	219	674	597	532	829	248	122	373	358	587	935	107

Für die Weibull-Verteilung lässt sich die Ausfallrate ebenfalls analytisch herleiten. Wir betrachten zunächst die zweiparametrige Weibull-Verteilung mit Form- und Skalenparameter. Für die Ableitung der Verteilungsfunktion gilt (siehe oben):

$$F'(t) = f(t) = \frac{b}{a}\left(\frac{t}{a}\right)^{b-1} e^{-\left(\frac{t}{a}\right)^b}$$

Mit der Zuverlässigkeitsfunktion $R(t)$ aus (3.11) und der Definition der Ausfallrate (3.14) folgt unmittelbar:

$$\lambda(t) = \frac{b}{a}\left(\frac{t}{a}\right)^{b-1}. \tag{3.17}$$

Diese Ausfallrate weist nun eine interessante Eigenschaft auf. Für den Formparameter $b = 1$ ergibt sich eine konstante – von t unabhängige – Ausfallrate. Das ist wenig verwunderlich, da in diesem Fall die Weibull-Verteilung zur Exponentialverteilung wird. Für $b < 1$ ist die Ausfallrate monoton fallend für wachsende t, da der Exponent $b - 1$ negativ ist. Für $b > 1$ wächst die Ausfallrate mit ansteigendem t.

Für die dreiparametrige Weibull-Verteilung lässt sich die Ausfallrate analog bestimmen. Auf eine Herleitung soll an dieser Stelle aber verzichtet werden. Die Ausfallrate ist durch

$$\lambda(t) = \begin{cases} \left(\frac{b}{a-t_0}\right)\left(\frac{t-t_0}{a-t_0}\right)^{b-1}, & t \geq t_0 \\ 0, & t < t_0 \end{cases} \tag{3.18}$$

gegeben. Die Ausfallkategorie wird wie bei der zweiparametrigen Weibull-Verteilung durch den Formparameter b bestimmt. Innerhalb der Mindestlebensdauer t_0 wird natürlich ein Ausfall ausgeschlossen, so dass die Ausfallrate in diesem Bereich gleich Null sein muss.

► **Wichtig** Bei der Weibull-Verteilung bestimmt der Formparameter die Ausfallkategorie:

$b < 1$: Frühausfälle,
$b = 1$: Zufallsausfälle,
$b > 1$: Spätausfälle.

Mit der Weibull-Verteilung lassen sich alle Ausfallkategorien abbilden. Allerdings kann die komplette Badewannenkurve im Sinne eines Produktlebenszyklus nicht mit einem Weibull-Modell abgebildet werden.

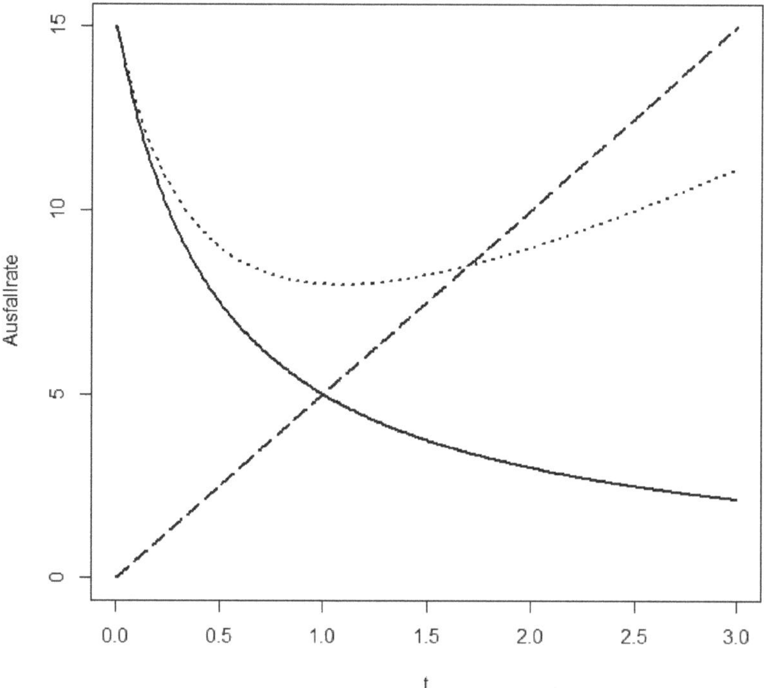

Abb. 3.6 Ausfallraten der IDB-Verteilung: $a = 0, b = 2, c = 15$ (*durchgezogene Kurve*), $a = 3, b = 2, c = 15$ (*gepunktete Kurve*), $a = 5, b = 2, c = 0$ (*gestrichelte Kurve*)

Wir betrachten nun die IDB-Verteilung. Im Anschluss an die Definition der Verteilungsfunktion (siehe (3.13)) werden Zuverlässigkeitsfunktion und Wahrscheinlichkeitsdichte dargestellt. Hieraus lässt sich die Ausfallrate bestimmen:

$$\lambda(t) = \frac{f(t)}{R(t)} = at + \frac{c}{1 + bt}. \tag{3.19}$$

Für $a = b = 0$ ergibt sich eine konstante Ausfallrate. In diesem Fall entspricht dann die IDB-Verteilung einer Exponentialverteilung. Für $a = 0$ und $c, b > 0$ erhält man eine monoton fallende Ausfallrate.

Am interessantesten ist der Fall $0 < a < bc$. Hier ist der Verlauf der Ausfallrate badewannenförmig. Die zugehörige Lebensdauerverteilung reflektiert somit den kompletten Produktlebenszyklus.

Abb. 3.6 zeigt den Verlauf der Ausfallrate für verschiedene Parameter der IDB-Verteilung. Im Fall $a = 3$, $b = 2$, $c = 15$ wird die Badewannenkurve abgebildet; die Ausfallrate ändert ihr Monotonieverhalten in Anhängigkeit von der Lebensdauer t.

3.1.6 Schätzmethoden und Auswahl der geeigneten Verteilung

Im Fall einer exponentiell verteilten Lebensdauer konnte der Verteilungsparameter auf eine einfache Art und Weise bestimmt werden, da es einen funktionalen Zusammenhang zwischen Verteilungsparameter λ und dem Erwartungswert in der Form $\lambda = 1/(E(T))$. Wird nun der Erwartungswert der Lebensdauer durch den Mittelwert der beobachteten Lebensdauern ersetzt, so ergibt sich ein Schätzer für λ, der dann als Momentenschätzer bezeichnet wird (siehe obiges Beispiel in Abschn. 3.1.5). Diese so genannte Momentenmethode ist im Fall der Weibull-Verteilung nicht anwendbar. An dieser Stelle soll daher die Maximum-Likelihood-Methode als allgemeines Verfahren zur Bestimmung bzw. Anpassung von Verteilungsparametern diskutiert werden.

Voraussetzung für die Anwendung der Maximum-Likelihood-Methode ist das Vorliegen einer Stichprobe $t_1, \ldots, t_n$ von beobachteten Lebensdauern. $F(t)$ sei die Verteilungsfunktion des betrachteten Verteilungsmodells, $f(t)$ die zugehörige Dichte. Wir nehmen nun an, dass das Verteilungsmodell von m Parametern $\alpha_1, \ldots, \alpha_m$ abhängt, die auf Grundlage der Stichprobe zu schätzen sind. Die Idee bei der Maximum-Likelihood-Funktion besteht nun darin, die Parameter so zu wählen bzw. zu schätzen, dass die Wahrscheinlichkeit für das Auftreten der gegebenen Stichprobe maximal wird.

► **Definition** Gegeben sei eine Stichprobe $t_1, \ldots, t_n$ von beobachteten Lebensdauern. Die Verteilungsfunktion $F(t)$ bzw. die Dichte $f(t)$ hängen von Parametern $\alpha_1, \ldots, \alpha_m$ ab.

Mit $L(\alpha_1, \ldots, \alpha_m) = \prod_{i=1}^{n} f(t_i)$ wird die so genannte Likelihood-Funktion bezeichnet.

Durch Maximieren der Likelihood-Funktion

$$\max_{\alpha_1, \ldots, \alpha_m} L(\alpha_1, \ldots, \alpha_m) \tag{3.20}$$

erhält man die gesuchten Verteilungsparameter. Die geschätzten Verteilungsparameter werden als Maximum-Likelihood-Schätzer bezeichnet.

Nur im Idealfall lässt sich die Maximierungsaufgabe (3.1) mit Methoden der klassischen Mathematik lösen. Auf eine Darstellung soll hier verzichtet werden. In der Regel ist es nur möglich eine numerische, d. h. approximative, Lösung zu bestimmen, wobei die Anwendung entsprechender numerischer Verfahren geeignete Software-Tools wie MATLAB, JMP, Minitab oder andere voraussetzt, vgl. auch [16].

Wie oben beschrieben, wird die Maximum-Likelihood-Methode nach der Wahl eines Verteilungsmodells durchgeführt. Ganz offensichtlich können nun Schätzer für verschiedene Verteilungsmodelle bestimmt werden. Das Problem, welches Verteilungsmodell gewählt werden sollte, ist somit zunächst noch nicht gelöst.

Es gibt verschiedene Methoden, das beste Modell auszuwählen:

- Betrachtung des Wertes der Likelihood-Funktion: Es wird das Modell ausgewählt, für das die Likelihood-Funktion den größten Wert annimmt.
- Statt der Likelihood-Funktion wird oft die logarithmierte Likelihood-Funktion, die so genannte Loglikelihood-Funktion betrachtet. Diese Funktion ist wie die Likelihood-Funktion monoton wachsend. In einigen Software-Tools wird die $-2 \cdot$ Loglikelihood-Funktion ausgegeben. Es ist dann das Modell auszuwählen, das für diese Größe den kleinsten Wert aufweist.
- Problematisch bei der oben beschriebenen Vorgehensweise ist, dass Verteilungsmodelle mit zunehmender Anzahl an Verteilungsparametern einen größeren Wert der Likelihood-Funktion erreichen. Um dem entgegen zu wirken, berücksichtigt das Akaike-Informationskriterium (AIC) die Anzahl der Verteilungsparameter. Konkret wird die Größe $2 \cdot$ Loglikelihood-Funktion um einen Strafterm in Abhängigkeit von der Parameteranzahl erweitert. Die resultierende Kenngröße wird dann auch als AIC bezeichnet. Wiederum ist das Modell mit dem kleinsten Wert auszuwählen.
- Auf der Grundlage der gegebenen Lebensdauern der Stichprobe lassen sich die empirischen Quantile bestimmen. Hat die Stichprobe beispielsweise den Umfang $n = 50$, so entspricht der zehntkleinste Wert der Stichprobe dem empirischen 20 %-Quantil. Für alle n Werte lässt sich die Korrelation der empirischen Quantile mit den theoretischen Quantilen der angepassten Verteilung, d. h. der Verteilungsfunktion mit den geschätzten Parametern bestimmen. Es wird das Modell mit der höchsten Korrelation (möglichst nahe an 1) ausgewählt. In einem so genannten Wahrscheinlichkeitsnetz können die Daten und die aus den theoretischen Quantilen resultierende Gerade graphisch dargestellt und die Übereinstimmung überprüft werden.

Beispiel

Wir betrachten wieder die Lebensdauern (Betriebsstunden) aus Tab. 3.2. Mit der Maximum-Likelihood-Methode werden die Verteilungsparameter der Weibull-Verteilung, der dreiparametrigen Weibull-Verteilung und der Exponentialverteilung bestimmt.

Es soll nun das geeignete Verteilungsmodell ausgewählt werden.

Aus Abb. 3.7 ist zunächst ersichtlich, dass die dreiparametrige Weibull-Verteilung am besten zu den gegebenen Daten passt.

Tab. 3.3 können die Kenngrößen basierend auf der Likelihood-Funktion entnommen werden. Beschränkt man sich auf die Betrachtung der Likelihood-Funktion, so ist wiederum die dreiparametrige Weibull-Verteilung auszuwählen. Wird die Anzahl der Verteilungsparameter mit berücksichtigt, so ist die Weibull-Verteilung am sinnvollsten.

► **Wichtig** Mit dem Formparameter b der Weibull-Verteilung wird die Ausfallkategorie bestimmt ($b < 1$: Frühausfälle, $b = 1$: Zufallsausfälle, $b > 1$: Spätausfälle). Der gesamte Verlauf der Badewannenkurve lässt sich durch die Ausfallrate einer IDB-verteilten Lebensdauer abbilden.

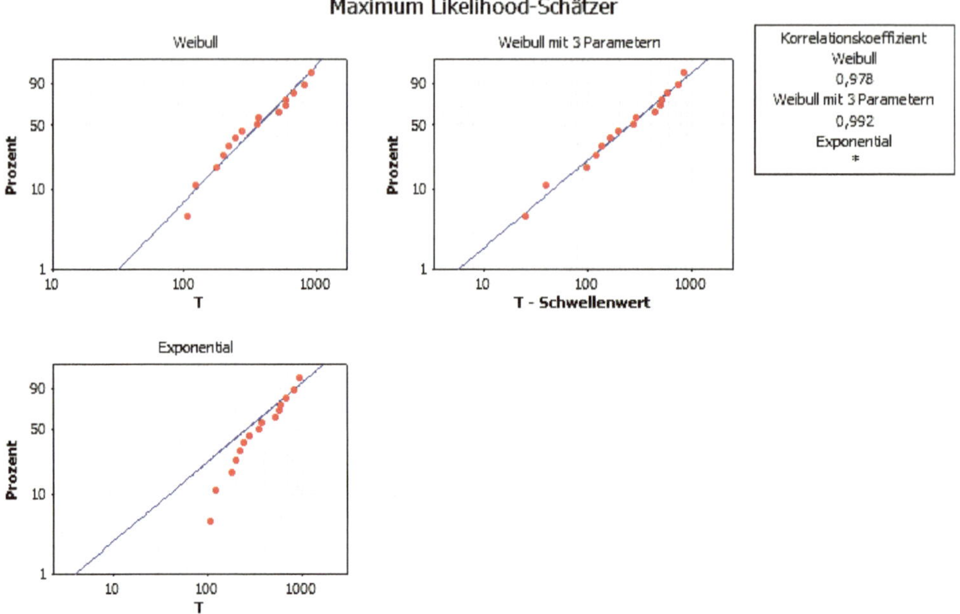

Abb. 3.7 Wahrscheinlichkeitsnetz: Korrelation zwischen empirischen und theoretischen Quantilen für die Daten aus Tab. 3.2

Tab. 3.3 Kenngrößen der Verteilungsmodelle für die Daten aus Tab. 3.2

Verteilung	AIC	$(-2) \cdot$ Loglikelihood-Funktion
Weibull-Verteilung	210,1	205,1
Weibull-Vert. (dreiparametrig)	213,0	204,8
Exponentialverteilung	213,3	210,9

3.1.7 Zuverlässigkeit von Systemen aus N Komponenten

Bisher wurde lediglich die Lebensdauer eines Objektes betrachtet. Aus praktischer Sicht ist aber auch die Betrachtung von Systemen bestehend aus N Komponenten sinnvoll.

Wir betrachten zunächst ein *redundantes System*, dessen N Komponenten die gleiche Lebensdauerverteilung $F(t)$ – und damit auch die gleiche Zuverlässigkeitsfunktion $R(t)$ – besitzen. Untersucht werden soll nun die Zuverlässigkeit des Systems, Verteilungs- und Zuverlässigkeitsfunktion seien mit $F_{\text{ges}}(t)$ bzw. $R_{\text{ges}}(t)$ bezeichnet. Das System ist redundant, da es funktioniert, wenn mindestens $M < N$ Komponenten funktionieren. Dies bedeutet, dass das System noch funktioniert, wenn höchstens $N - M$ Komponenten ausfallen.

Mit $X(t)$ bezeichnen wir die Anzahl ausgefallener Komponenten zum Zeitpunkt t. Diese ist binomialverteilt mit den Parametern N und $F(t)$ bzw. $1 - R(t)$. Hieraus folgt:

$$P(X(t) = k) = \binom{N}{k}(1 - R(t))^k R(t)^{N-k}.$$

Damit ergibt sich die Zuverlässigkeitsfunktion des Systems wie folgt:

$$R_{\text{ges}}(t) = P(X(t) \leq N - M) = \sum_{k=0}^{N-M} P(X(t) = k) = \sum_{k=0}^{N-M} \binom{N}{k}(1 - R(t))^k R(t)^{N-k}. \tag{3.21}$$

An dieser Stelle soll nun die Binomialverteilung kurz eingeführt werden. Ausführliche Darstellungen sind in [8] oder [16] zu finden. Die Risikomodellierung mit der Binomialverteilung wird in Abschn. 3.3.2 diskutiert. Die Binomialverteilung resultiert aus dem so genannten Bernoulli-Schema. Dabei betrachtet man ein so genanntes binäres Experiment, das mit Wahrscheinlichkeit p zu einem Erfolg und mit Wahrscheinlichkeit $1 - p$ zu einem Misserfolg führt. Dieses binäre Experiment wird n-mal unabhängig voneinander durchgeführt. Die Wahrscheinlichkeit insgesamt k Erfolge zu erzielen beträgt dann $\binom{n}{k} p^k (1 - p)^{n-k}$. Die Anzahl der Erfolge – üblicherweise mit X bezeichnet – ist dann binomialverteilt (Schreibweise: $X \sim B(n, p)$).

Es sei auch noch darauf verwiesen, dass mit $\binom{n}{k}$ der Binomialkoeffizient bezeichnet wird, d. h.

$$\binom{n}{k} = \frac{n!}{k!(n-k)!}.$$

Beispiel

Bestimmung der Systemzuverlässigkeit: Wir betrachten ein Entwässerungssystem, das aus 4 unabhängig voneinander arbeitenden Filterbrunnen besteht, die alle gleichzeitig in Betrieb gingen. Die ausfallfreie Betriebsdauer jedes Brunnens ist Weibull-verteilt mit einem Formparameter $b = 2{,}0$ und einem Skalenparameter $a = 1000$. Das Entwässerungssystem funktioniert auch noch, wenn höchstens ein Brunnen ausgefallen ist.

Es ist nun zu klären, mit welcher Wahrscheinlichkeit das Entwässerungssystem mindestens 1200 Stunden ausfallfrei funktioniert.

Aus den obigen Ausführungen folgt zunächst $N = 4$ und $M = 3$. D. h. es darf maximal $N - M = 1$ Brunnen ausfallen.

Für die Zuverlässigkeit eines Brunnens gilt: $R(1200) = \exp\left(-\left(\frac{1200}{1000}\right)^2\right) = 0{,}236$. Nach (3.21) gilt für die Systemzuverlässigkeit:

$$R_{\text{ges}}(1200) = \binom{4}{0} 0{,}764^0 \cdot 0{,}236^4 + \binom{4}{1} 0{,}764^1 \cdot 0{,}236^3$$
$$= 0{,}764^4 + 4 \cdot 0{,}764 \cdot 0{,}236^3 = 0{,}043.$$

Weitere relevante Systeme sind Systeme mit N Komponenten in *Reihenschaltung*. Für die Funktionsfähigkeit eines solchen Systems müssen natürlich alle Komponenten funktionieren. Weist jede Komponente die gleiche Lebensdauerverteilung auf, so ist ein spezielles redundantes System mit $M = N$ gegeben, woraus $R_{\text{ges}}(t) = R(t)^N$ folgt.

Natürlich lässt sich dies verallgemeinern: Wir nehmen an, dass Komponente i die Zuverlässigkeitsfunktion $R_i(t)$ für die Lebensdauer T_i besitzt. Die Lebensdauer des Systems sei T_{ges}.

Ganz offensichtlich gilt nun

$$R_{\text{ges}}(t) = P(T_{\text{ges}} > t) = P(T_1 > t \text{ UND } T_2 > t \text{ UND } \cdots \text{ UND } T_N > t).$$

Unter der Annahme voneinander unabhängiger Komponenten lässt sich die obige Wahrscheinlichkeit als Produkt der Einzelwahrscheinlichkeiten darstellen, d. h.

$$R_{\text{ges}}(t) = P(T_1 > t) \cdot \cdots \cdot P(T_N > t) = R_1(t) \cdot \cdots \cdot R_N(t) = \prod_{i=1}^{N} R_i(t). \qquad (3.22)$$

► **Wichtig** Bei Reihenschaltung ergibt sich die Zuverlässigkeitsfunktion des Systems als Produkt der Zuverlässigkeitsfunktionen der Komponenten.

Wir betrachten nun eine Reihenschaltung, deren Komponenten exponentiell verteilte Lebensdauern mit den Verteilungsparametern bzw. Ausfallraten $\lambda_1, \cdots, \lambda_N$ aufweisen. Jede Komponente besitzt dann die Zuverlässigkeitsfunktion $R_i(t)$ mit $R_i(t) = e^{-\lambda_i t}$. Dies führt zu

$$R_{\text{ges}}(t) = e^{-\lambda_1 t} \cdot e^{-\lambda_2 t} \cdot \cdots \cdot e^{-\lambda_N t} = e^{-(\lambda_1 + \cdots + \lambda_N)t}.$$

Die Zuverlässigkeitsfunktion des Systems ist somit wieder die Zuverlässigkeitsfunktion einer exponentiell verteilten Lebensdauer, nämlich der des Systems mit Ausfallrate $\lambda_{\text{ges}} = \lambda_1 + \cdots + \lambda_N$.

Es soll nun ein System bestehend aus einer Parallelschaltung zweier Komponenten mit Zuverlässigkeitsfunktionen $R_1(t)$ und $R_2(t)$ betrachtet werden. Die Zuverlässigkeit bzw. das Funktionieren des Systems setzt die Zuverlässigkeit mindestens einer Komponente voraus, d. h.:

$$R_{\text{ges}}(t) = P(\text{Komponente 1 funktioniert ODER Komponente 2 funktioniert}).$$

Aus der Wahrscheinlichkeitsrechnung ist für zwei beliebige Ereignisse A und B bekannt: $P(\text{A ODER B}) = P(\text{A}) + P(\text{B}) - P(\text{A UND B})$. Hieraus folgt für die Systemzuverlässigkeit:

$$R_{\text{ges}}(t) = R_1(t) + R_2(t) - R_1(t) \cdot R_2(t). \tag{3.23}$$

Mit redundanten Systemen und der Reihen- sowie Parallelschaltung von Komponenten wurden Grundprinzipien zur Bildung von Systemen diskutiert. Aus diesen Grundformen lassen sich natürlich komplexere Systeme erstellen, deren Zuverlässigkeit dann mit obigen Formeln bestimmt werden kann.

Eine ausführliche Darstellung der Zuverlässigkeit von Systemen erfolgt in [14].

3.2 Extremwertverteilungen

3.2.1 Einleitung mit einem historischen Beispiel

Das tägliche Geschäft der Finanzindustrie, unter anderem das von Banken und Versicherungen wird von den modernen Verfahren der Wahrscheinlichkeitstheorie und Statistik stark beeinflusst. Diese Verfahren dienen in erster Linie der Absicherung und Reduktion von Risiken. Die so genannte Extremwerttheorie befasst sich mit den mathematischen Werkzeugen, die zu einer Verbesserung des Risikomanagements führen.

Im Jahr 1998 zeigte die Krise von Long-Term Capital Management (LTCM) deutlich, wie unvorsichtig das traditionelle Risikomanagement mit extremen Ereignissen umgeht. Daniel Schäfer beschrieb am 13. März 2008 in der Frankfurter Allgemeinen Zeitung:

> LTCM war zu dieser Zeit mittels hochkomplexer Derivatekonstruktionen mit einem Eigenkapital von nur 2,2 Milliarden Dollar in Wertpapiergeschäfte verstrickt, die ein Nominalvolumen von atemberaubenden 1,25 Billionen Dollar hatten. Hätten sich die Banker nicht auf ein 3,6 Milliarden Dollar schweres Rettungspaket geeinigt, dann hätte der Untergang von LTCM einige dieser Kreditinstitute mit in die Tiefe reißen können. Doch auch so blieb LTCM ein Musterbeispiel für Selbstüberschätzung, für zu hohe Risiken durch maßlose Schulden - und dafür, wie sich renommierte Banker durch scheinbare Genies haben blenden lassen. [ ]
>
> Die Mathematiker hatten sich auf ihre vergangenheitsbezogenen Modelle verlassen. Dabei hatten sie nicht berücksichtigt, dass es externe Schocks geben kann, die zu einem Austrocknen der Liquidität führen können. Wer genug Eigenkapital einsetzt, kann solche Phasen problemlos durchstehen. Doch wer exorbitant hohe Schulden hat, den zwingen die Gläubiger zu Notverkäufen, die wiederum mit hohen Verlusten einhergehen.

Die Extremwerttheorie bietet nun Werkzeuge an, um Risiken zu modellieren und zu messen. Dies gilt natürlich auch für Risikobetrachtungen im ingenieurwissenschaftlichen Zusammenhang. Es sollen Paretomodelle erwähnt werden, die klassischerweise bei Rückversicherungen eingesetzt werden. Im Unterschied dazu arbeiten Banken vorwiegend mit Gauß'schen Modellen. Über diese ist allerdings bekannt, dass sie hohe Risiken viel zu optimistisch einschätzen. Anderseits erlauben die modernen Algorithmen im Bankgeschäft eine schnelle Verarbeitung von hochkomplexen und mehrdimensionalen Datenmengen. Praktiker aus vielen Anwendungsgebieten kennen sich oft gut mit dem so genannten zentralen Grenzwertsatz aus. Dieser Satz beschreibt das Verhalten von Mittelwerten und Summen von Zufallszahlen, während die Extremwerttheorie (wie schon das Wort besagt) das extreme Verhalten einer Datenreihe beschreibt.

Im Risikomanagement spielen allerdings Mittelwerte und Summe eher eine untergeordnete Rolle. Der Basler Ausschuss für die Bankaufsicht erkannte dies und formulierte bereits im Jahr 1990 neue Standards für das Risikomanagement. Damals führte man als Maß für das Risiko den sogenannten Value-at-Risk ein. Dieser wurde als p-Quantil der Gewinn-/Verlustverteilung definiert.

Eine realistische Einschätzung verschiedener Risiken mit Hilfe der Werkzeuge der Extremwerttheorie erfolgt bisher vor allem für die folgenden Risikokategorien: Marktrisiken, Kreditrisiken, Betriebsrisiken Versicherungsrisiken, Rückversicherungsrisiken. Insbesondere im Hinblick auf Betriebsrisiken – etwa im Sinne des Ausfallrisikos – ist eine Erweiterung der Finanzmarktanwendungen gegeben.

Die Datenanalyse im Rahmen extremwerttheoretischer Methoden erfordert geeignete Software-Tools. Für die in [13] vorgestellten Methoden ist das kostenlose Paket GRM von Bernhard Pfaf, Marius Hofert, Alexander McNeil und Scott Ullman für die ebenfalls kostenfreie-Statistik-Software R verfügbar. Der Download ist unter www.r-project.org möglich. Die Umsetzung von statistischen Methoden in R wird in [16] ausführlich erläutert.

Klassische Verfahren der Statistik beruhen auf unabhängig und identisch verteilten Zufallsgrößen. Gerade bei „Risikodaten" ist dies oftmals nicht der Fall. Diese können beispielsweise die folgenden Eigenschaften aufweisen: Die Daten sind (nahezu) unkorreliert, aber nicht unabhängig; sie sind langschwänzig oder neigen zu einer Clusterbildung bei den Extrema.

Der Vorteil von Extremwertmethoden liegt nun darin, dass man für das Risikomanagement nicht die gesamte Verteilung, sondern nur einen Teil modellieren muss. Insbesondere den Datenbereich, der über einen sinnvoll definierten Schwellenwert überschreitet.

► **Wichtig** Im Unterschied zur klassischen Statistik beziehen sich die Methoden der Extremwerttheorie auf das Verhalten extremer Werte bzw. Realisierungen einer Zufallsgröße.

3.2.2 Kurze Einführung in die Extremwerttheorie

Wie oben bereits formuliert, bezieht sich das Aufgabengebiet der klassischen Extremwerttheorie auf das das Verhalten der extremen Werte einer Stichprobe oder auch der so genannten Exzedenten über einem vorgegebenen oberen Schwellenwert.

Für eine Stichprobe von identisch verteilten und unabhängigen (Abkürzung i. i. d. für independent and identically distributed) Zufallsvariablen $X_1, X_2, \ldots, X_n$ einer bestimmten Verteilung betrachtet man in einem ersten Schritt die so genannten partiellen Maxima

$$M_1 = X_1, M_2 = \max(X_1, X_2), \ldots, M_n = \max(X_1, \ldots, X_n), n \in \mathbb{N}. \qquad (3.24)$$

Der folgende Satz ist die Grundlage der klassischen Extremwerttheorie.

► **Wichtig: Satz von Fisher und Tippett** Es sei eine Folge von i. i. d. Zufallsvariablen $X_1, X_2, \ldots, X_n$ gegeben. Weiter sei $F(x)$ die Verteilungsfunktion dieser Zufallsvariablen. Falls es normierende Konstanten $a_n > 0, b_n \in \mathbb{R}$ und eine nicht-degenerierte Verteilungsfunktion $H(x)$ gibt, so dass

$$\lim_{n\to\infty} P(M_n \le a_n x + b_n) = \lim_{n\to\infty} F^n(a_n x + b_n) = H(x), x \in \mathbb{R},$$

dann ist $H(x)$ eine der folgenden Verteilungsfunktionen ($\alpha > 0$):
Frechet-Verteilung:

$$\Phi_\alpha(x) = \begin{cases} 0, & x \le 0 \\ \exp\left(-x^{\alpha}\right), & x > 0 \end{cases},$$

Weibull-Verteilung:

$$\Psi_\alpha(x) = \begin{cases} \exp\left(-(-x)^{\alpha}\right), & x \le 0 \\ 1, & x > 0 \end{cases},$$

Gumbel-Verteilung:

$$\Lambda(x) = \exp\left(-e^{-x}\right), x \in \mathbb{R}.$$

Bemerkung: Die Frechet-Verteilung erhält man für Pareto-verteilte Zufallsvariablen ($\alpha > 0$), d. h.

$$F_\alpha(x) = \begin{cases} 1 - x^{-\alpha}, & x > 1 \\ 0, & x \le 1 \end{cases}.$$

Die Weibull-Verteilung bekommt man unter Verwendung von ($\alpha > 0$):

$$F_\alpha(x) = \begin{cases} 0, & x \le 0 \\ 1 - (1-x)^{\alpha}, & x \in [0,1] \\ 1, & x \ge 1 \end{cases}.$$

Und für die Gumbel-Verteilung verwendet man exponentiell verteilte Zufallsvariablen mit Parameter 1, d. h.

$$F(x) = 1 - \exp(-x).$$

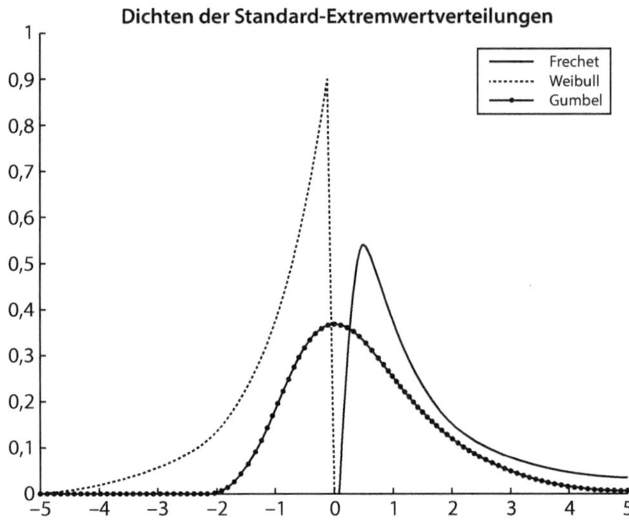

Abb. 3.8 Dichten der Frechet, Weibull- und Gumbelverteilung mit $\alpha = 1$

Weibull- und Exponentialverteilung wurden bereits im Rahmen der Zuverlässigkeitsanalyse diskutiert, vgl. Abschn. 3.1.2 und 3.1.3.

Abb. 3.8 zeigt die Dichten der Verteilungsfunktionen von Frechet, Weibull und Gumbel.

Die Grenzverteilung $H(x)$ hängt ausschließlich vom Tail („Schwanz") der Verteilungsfunktion $F(x)$ ab. Dies ist die Folge der Äquivalenz der folgenden Aussagen (i)–(iii), wobei

$$u_n = a_n x + b_n$$

und X eine Zufallsvariable mit der gleichen Verteilung wie X_1 sind.

Aussage (i):

$$\lim_{n\to\infty} P(M_n \leq u_n) = H(x), x \in \mathbb{R}.$$

Aussage (ii):

$$\lim_{n\to\infty} P(X > u_n) = -\ln(H(x)), x \in \mathbb{R}.$$

Aussage (iii): Es gibt eine messbare, positive Funktion $G(\cdot)$, für die gilt:

$$\lim_{u\to\infty} P\left(\frac{X-u}{G(u)} > x \middle| X > u\right) = \frac{\overline{F}(u + G(u)x)}{\overline{F}(u)} = (1+\gamma x)^{-\frac{1}{\gamma}}$$

für $1 + \gamma x > 0$ und $\gamma = \frac{1}{\alpha}$.

Wichtig Frechet-, Gumbel- und Weibull-Verteilung sind geeignete Verteilungsmodelle für Extremwerte.

3.2.3 Die Standard-POT-Methode

Die Bezeichnung POT steht für Peaks Over Threshold. Das ist eine Schätzmethode für einen Tail oder ein Quantil, die auf extrem großen Beobachtungen basiert. Diese Methode setzt sich aus 4 Komponenten zusammen, von denen jede auf einem probabilistischen Prinzip basiert.

(1) Der Punktprozess der Exzedenten
Wir betrachten einen Grenzprozess für den Punktprozess der Überschreitungen von hohen Schwellenwerten. Für einen hohen Schwellenwert u_n markieren wir nun die Beobachtungen der Stichprobe $x_1, x_2, \ldots, x_n$, die größer als u_n sind.

Für eine Grenzwertaussage wird ein unendlich groß werdender Stichprobenumfang betrachtet. Gleichzeitig soll auch der Schwellenwert u_n immer höher werden. Das muss im „richtigen" Verhältnis geschehen. Falls die Daten unabhängig und identisch verteilt sind (i. i. d.), entspricht die Wahrscheinlichkeit, den Schwellenwert zu überschreiten ganz offensichtlich

$$p = P(X_i > u_n), i = 1, 2, \ldots, n.$$

Die Anzahl der Beobachtungen, die den Schwellenwert überschreiten, ist binomialverteilt mit den Parametern n und p.

Falls zusätzlich

$$\lim_{n \to \infty} nP(X > u_n) = \alpha \in (0, \infty)$$

gefordert wird, so konvergiert die Binomialverteilung bekanntlich gegen eine Poisson-Verteilung mit Parameter α.

(2) Die verallgemeinerte Pareto-Verteilung
Bei den Exzedenten eines hohen Schwellenwertes interessiert man sich für die Häufigkeit, die Zuordnung zu den Zufallsvariablen (bei Zeitreihen dann konkret für die Zeitpunkte), aber auch für die bedingte Wahrscheinlichkeit $P(X - u > x | X > u)$, die die Größe des Exzesses beschreibt. Unter der Bedingung $\alpha = -\ln H(x)$ und $u_n = a_n x + b_n$ kann man zeigen, dass es eine messbare, positive Funktion $G(u)$ gibt, für die gilt:

$$\lim_{u \to \infty} P\left(\frac{X - u}{G(u)} > x \middle| X > u\right) = (1 + \gamma x)^{-\frac{1}{\gamma}}$$

für $1 + \gamma x > 0$ und $\gamma = \frac{1}{\alpha}$.

(3) Die Unabhängigkeit
Der Punktprozess der Überschreitungen und die Exzesse (die Höhe der Überschreitungen) sind im Limes unabhängig.

Weiterhin interessiert man sich für die Schätzung von Tails und von Quantilen.

Definition X sei eine Zufallsvariable mit Verteilungsfunktion $F(x)$. Der Tail dieser Verteilungsfunktion an der Stelle $x \in \mathbb{R}$ wird dann durch

$$\overline{F}(x) = 1 - F(x) = P(X > x) \tag{3.25}$$

bezeichnet. Im Falle einer stetigen Verteilung ist das α-Quantil $\tilde{x}_\alpha$ dieser Verteilung durch

$$F(\tilde{x}_\alpha) = \alpha \tag{3.26}$$

gegeben.

Wir beschreiben die POT-Methode für eine Stichprobe $X_1, X_2, \ldots, X_n$. Für den hohen Schwellenwert u sei N_u die Anzahl der Exzesse. Mit $Y_1, Y_2, \ldots, Y_{N_u}$ werden die Exzesse bezeichnet. Ferner sei X eine Zufallsvariable mit der gleichen Verteilungsfunktion wie jedes $X_i, i = 1, \ldots, n$, d.h:

$$F(x) = P(X \leq x), x \in \mathbb{R}.$$

Mit der bedingten Wahrscheinlichkeit (vgl. Abschn. 3.1.5)

$$F_u(x) = P(X - u \leq x | x > u) \tag{3.27}$$

wird die sogenannte Exzess-Verteilungsfunktion bezüglich des Schwellenwertes u bezeichnet.

Für die Funktion $\overline{F}_u(x) = 1 - F_u(x)$ gilt dann:

$$\overline{F}_u(x) = P(X - u > x | X > u) = \frac{P(X - u > x \text{ UND } X > u)}{P(X > u)} = \frac{P(X > x + u)}{P(X > u)}$$
$$= \frac{\overline{F}(u + x)}{\overline{F}(u)}.$$

Wir betrachten nun $y > 0$. Aus der obigen Darstellung folgt dann sofort

$$\overline{F}(u + y) = \overline{F}(u)\overline{F_u}(y).$$

Einen Schätzer für den Tail $\overline{F}(u + y)$ erhält man nun, indem die beiden Faktoren auf der rechten Seite geschätzt werden.

Da hinsichtlich des Schwellenwertes u Überschreitungen beobachtet wurden, kann $\overline{F}(u)$ durch die relative Häufigkeit der Überschreitungen von u durch die $X_1, X_2, \ldots, X_n$ geschätzt werden, d. h.

$$\widehat{\overline{F}}(u) = \frac{N_u}{n}.$$

Dieses Vorgehen kann in der Regel nicht für eine direkte Schätzung von $\overline{F}(u + y)$ verwendet werden, da insbesondere bei einem größeren y keine Überschreitung beobachtet wird. In diesem Fall würde der Tail wegen $N_{u+y} = 0$ stets gleich Null geschätzt werden.

Der zweite Faktor $\overline{F}_u(y)$ wird daher durch eine verallgemeinerte Pareto-Verteilung approximiert. Dabei wird auch die Skalenfunktion $G(u)$ berücksichtigt. Diese wird als Parameter g in die Grenzverteilung integriert:

$$\overline{F}_u(y) \approx \left(1 + \gamma \frac{y}{g}\right)^{-\frac{1}{\gamma}},$$

wobei γ, g durch ihre Schätzer ersetzt werden. Somit ergibt sich ein Schätzer für den Tail in der Form:

$$\widehat{\overline{F}}(u + y) = \frac{N_u}{n} \left(1 + \hat{\gamma} \frac{y}{\hat{g}}\right)^{-\frac{1}{\hat{\gamma}}}, y > 0. \tag{3.28}$$

Dabei ergibt sich als Schätzer für das α-Quantil nach der Inversion der obigen Gleichung:

$$\widehat{x}_\alpha = u + \frac{\hat{g}}{\hat{\gamma}} \left(\left(\frac{n}{N_u}(1 - \alpha) \right)^{-\hat{\gamma}} - 1 \right).$$

Eine gängige Methode zur Berechnung von $\widehat{g}$, $\hat{\gamma}$ ist die Maximum Likelihood-Methode, welche in Abschn. 3.1.6 beschrieben wurde. Da die Schätzungen oft auf einer relativ geringen Anzahl von Daten basieren, können asymptotische Optimalitätseigenschaften der ML-Schätzer unter Umständen nicht mehr gewährleistet sein.

Eine Schätzung der Parameter ist auch mittels der so genannten Mittleren Exzessfunktion

$$e(u) = E(X - u | X > u), u \geq 0$$

möglich. Man kann zeigen, dass diese Mittlere Exzessfunktion bei der Exponentialverteilung eine Konstante ist, und zwar gerade ihr Parameter. Die Mittlere Exzessfunktion bildet im Falle einer verallgemeinerten Pareto-Verteilung mit $\gamma < 1$ und beliebigem g eine Gerade mit Steigung $\frac{\gamma}{1+\gamma}$ und Achsenabstand $\frac{g}{1+\gamma}$, siehe [13].

Die empirische Mittlere Exzessfunktion

$$e_n(u) = \frac{1}{N_u} \sum_{i=1}^{n} (X_i - u)^+, u \geq 0$$

Tab. 3.4 Stillstandszeiten in min

30	18	54	13	30	41	17	22	15	12
29	28	24	24	11	18	23	51	37	15

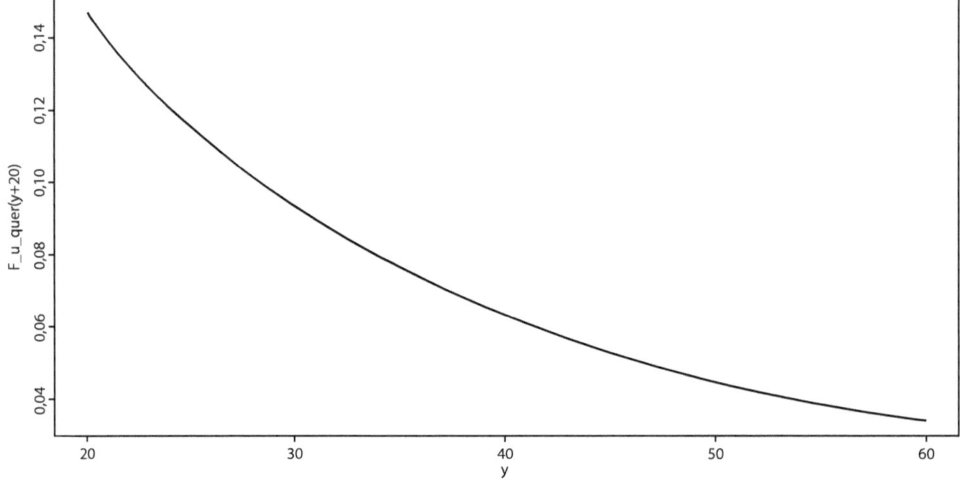

Abb. 3.9 Tail $\overline{F}(20 + y)$ für die Werte aus Tab. 3.4

kann zur Schätzung der Mittleren Exzessfunktion verwendet werden. Wir bezeichnen mit $a^+ = \max(0, a)$ dabei den Positivteil von a.

Die empirische Mittlere Exzessfunktion kann nun folgendermaßen zur Schätzung der Exzessfunktion bzw. der Parameter γ und g verwendet werden: Für geeignet gewählte Schwellenwerte $u_1, \ldots, u_m$ werden die Funktionswerte $e_n(u_i), i = 1, \ldots, m$ berechnet. Mittels linearer Regression kann eine Gerade mit Achsenabstand a und Steigung b durch die erhaltenen Punkte gelegt werden. Hieraus folgt dann

$$\hat{\gamma} = \frac{b}{1-b} \text{ und } \hat{g} = a \cdot \left(\frac{1-2b}{1-b}\right), b \neq 1.$$

Beispiel

Tab. 3.4 enthält die Stillstandszeiten von Maschinen eines bestimmten Typs nach einem Ausfall. Aus Gründen des Produktionsablaufs und der Folgekosten sollten Stillstandszeiten über 20 min weiter untersucht werden

Daher sollen der Tail $\overline{F}(20 + y)$ geschätzt und die empirische Mittlere Exzessfunktion bestimmt werden.

An Hand von Tab. 3.4 ist zunächst $N_{20} = 12$ ersichtlich. Es gilt nun $e_{20}(50) = 0{,}6$.

Mit der Funktion fit.GPD des R-Paketes QRM wurden die Maximum-Likelihood-Schätzer

$$\hat{\gamma} = 0{,}461457 \text{ und } \hat{g} = 10{,}089885 \text{ bestimmt.}$$

Mit diesen Parametern kann de $\overline{F}(20+y)$ nach (3.28) bestimmt werden. Abb. 3.9 zeigt den Verlauf für $20 \leq y \leq 60$.

3.3 Einführung in die mathematische Modellierung von Risiken

Bei der Modellierung von Risiken ist es sinnvoll, zunächst Einzelrisiken zu betrachten. Woraus ein solches Risiko besteht, hängt natürlich von einer konkreten Aufgabe ab. Wird beispielsweise das Risiko eines Geräteausfalls betrachtet, kann ein konkretes Gerät analysiert werden oder man modelliert das Risiko für eine bestimmte Fertigungslinie. Im zweiten Fall wird das Modell ganz offensichtlich deutlich komplexer werden.

Ein mathematisches Modell basiert wiederum auf Werkzeugen aus der Wahrscheinlichkeitsrechnung und der Statistik. Wie in den vorhergehenden Abschnitten erläutert, sind verschiedenen Verteilungsmodelle relevant. Allerdings soll nun neben der Risikobetrachtung auch der zeitliche Risikoverlauf analysiert werden. Theoretische Grundlage hierfür sind so genannte stochastische Prozesse.

▶ **Definition** Ein stochastischer Prozess ist eine Menge $\{X_t | t \in T\}$ von Zufallsvariablen, wobei T eine Menge von Zeitpunkten bildet.

Ein stochastischer Prozess ist zeit-diskret, wenn die Menge T nur abzählbar viele Zeitpunkte enthält.

Ein stochastischer Prozess ist zeit-stetig, wenn T eine Teilmenge der reellen Zahlen darstellt.

Eine konkrete Realisation des Prozesses wird dann als Pfad des stochastischen Prozesses bezeichnet.

Ein zeit-diskreter stochastischer Prozess ist typerweise gegeben, wenn T diskrete Beobachtungszeitpunkte im Sinne einer Zeitreihe enthält. Bei einem zeit-stetigen stochastischen Prozess umfasst T typischerweise einen definierten Zeitabschnitt.

Auch hinsichtlich des Wertebereiches des Prozesses wird zwischen diskreten und stetigen Prozessen unterschieden. Wenn man beispielsweise entstandene Defekte zählt, so entspricht der Wertebereich des Prozesses den natürlichen Zahlen. Relevant für die Verteilung von $X(t)$ sind dann natürlich diskrete Verteilungen. Werden Exzesse untersucht, benutzt man natürlich stetige Verteilungsmodelle.

In der Praxis werden Phänomene aus allen Anwendungsgebieten der Natur-, Wirtschafts- und Ingenieurswissenschaften mit stochastischen Prozessen beschrieben.

Im Folgenden werden einige wichtige Risikogruppen bzw. Aufgabenstellungen der Risikomodellierung vorgestellt. Die dazugehörigen Verteilungsmodelle werden in den folgenden Abschnitten behandelt.

Eine mathematische Risikomodellierung setzt sich im Einzelnen mit den folgenden Gesichtspunkten auseinander:

1) Einzelschäden und Schadenshöhenverteilungen
   Die Zufallsvariable für die Schadenshöhe ist eine nicht-negative Variable und ihre Dimension wird in der Regel in Geldeinheiten erfasst. Meist betrachtet man zeitunabhängigen Zufallsvariablen. Dabei kann man das Einzelrisiko für ein in der Produktion eingesetztes Gerät, für ein Kraftfahrzeug, o. ä. modellieren. Eine Übertragung dieser Betrachtung auf zeitlich definierte Schäden ist möglich, siehe das obige Beispiel in Abschn. 3.2.3.
2) Schadenszahlverteilungen
   Die Zufallsvariable für die Schadensanzahl ist eine nichtnegative, ganzzahlige Variable. Die Schadensanzahl bezieht sich dabei auf ein bestimmtes Zeitintervall.
3) Extremwertverteilungen
   Dieser Gesichtspunkt wurde in den beiden vorhergehenden Abschnitten behandelt.
4) Gewinn-/Verlustverteilungen für einen Einzelwert, Renditeverteilungen und Preisprozesse
   In vielen praktischen Anwendungen betrachtet man – insbesondere im Rahmen von Simulationen – den finanziellen Erfolg als Zufallsvariable und nicht den Einzelwert. Dieser Erfolg wird durch den Vergleich zweiter Kapitalstände definiert:
   $E(t) = K(t) - K(0)$, wobei mit $K(t)$ der Kapitalstand zum Zeitpunkt t beschrieben wird.
   Diese Zufallsvariable kann offensichtlich auch negative Werte annehmen, falls $K(t) < K(0)$ ist.
   Falls man anstelle der absoluten Erfolgsgröße den prozentuellen Erfolg modelliert, ist es sinnvoll die Verteilung der Rendite

$$R(t) = \frac{E(t)}{K(0)} = \frac{K(t) - K(0)}{K(0)}$$

   zu betrachten.
   Bei Preisprozessen (Rohstoffpreise, Verkaufspreise, etc.) interessiert man sich für den gesamten Wertverlauf innerhalb eines Zeitintervalls. Dann reicht eine einzige Verteilung nicht mehr aus und man modelliert den Wertverlauf als stochastischen Prozess. Die Informationen über den vorherigen Wertverlauf werden dann bei den bedingten Verteilungen für Zeitintervalle eine Rolle spielen.

3.3.1 Verteilungsmodelle für Einzelschäden

Einzelschäden können sehr unterschiedliche und oft hohe Ausmaße annehmen. Eine Orientierung an Erwartungswerten ist dabei weitgehend sinnlos. Für Versicherungsunternehmen wäre eine Kalkulation von Versicherungsbeiträgen basierend lediglich auf Erwartungswerten fatal. In dieser Situation könnten keine ausreichenden Risikoreserven berücksichtigt werden. Daher interessiert man sich für die gesamte Schadenshöhenverteilung bzw. für verschiedene charakteristische Verteilungsparameter als Risikokennzahlen.

Die Schadenshöhe, oft auch Schadensumme genannt, wird mit den im Folgenden präsentierten Verteilungen modelliert. Dabei geht man von stetigen Verteilungen aus, deren Dichte für $x \geq 0$ von Null verschiedene Werte annimmt. Der konkrete Verteilungstyp hängt in erster Linie davon ab, um welche Schadensart es sich dabei handelt.

Werden beispielsweise nur kleine bis mittelgroße Schäden betrachtet, ist die Verwendung von Verteilungsmodellen mit schmalen (kleinen) Tails sinnvoll. Im versicherungsmathematischen Bereich ist dies typischerweise bei der Kfz-Kasko-Versicherung der Fall. Sind Großschäden möglich oder sogar wahrscheinlich, so sind Verteilungsmodelle mit breiten Tails nötig. Man spricht dann auch von Fat oder Heavy Tail-Verteilungen. Diese Bezeichnungen sind zwar nicht eindeutig definiert, aber in meisten Fällen versteht man darunter eine Verteilung, deren Tail-Wahrscheinlichkeit $P(X > x) = 1 - F(x)$ für $x \to \infty$ langsamer als jede exponentiell fallende Funktion gegen Null konvergiert.

Historisch wurden solche Modelle bei der Industrie-Haftpflichtversicherung und für den Rückversicherungsbereich betrachtet, siehe [2]. Im ingenieurwissenschaftlichen Bereich treten Großschäden beispielsweise bei Ausfall ganzer Produktionslinien, etc. auf.

Bei Versicherungen mit Selbstbeteiligung werden Kleinschäden gewissermaßen künstlich erzeugt. In diesem Fall wird eine Schadensobergrenze eingeführt. Die zugehörige Wahrscheinlichkeitsverteilung hat somit einen beschränkten Träger (Bereich, in dem die Dichtefunktion vom Null verschieden ist). Die gleichen Modelle werden auch für Schadensquoten verwendet, d. h. wenn Schäden prozentuell zu einer Bezugsgröße angegeben werden. Entsprechende Betrachtungen sind auch in produktionstechnischen Zusammenhängen denkbar: Es sei wiederum an das Beispiel aus Abschn. 3.2.3 erinnert. Eine Obergrenze für die Stillstandszeit wird beispielsweise dadurch erreicht, dass nach einer gewissen Stillstandsdauer eine Ersatzmaschine zum Einsatz kommt.

Neben den Tails spielen natürlich Lage-, Form- und Skalenparameter einer Verteilung eine entscheidende Rolle bei der Eignung eines Verteilungsmodells für eine bestimmte Schadensart. Selbstverständlich gilt für jedes Verteilungsmodell die Voraussetzung, dass ein Schaden überhaupt eingetreten ist.

▶ **Definition** Unter einem Einzelschaden soll eine stetig verteilte Zufallsgröße verstanden werden, die einen finanziellen oder technischen Risikoaspekt beschreibt. In diesem Sinne stellen finanzielle Belastungen sowie Ausfall- und Stillstandszeiten Einzelschäden dar.

Im Folgenden sollen nun geeignete Verteilungsmodelle vorgestellt werden.

Gleichverteilung

Die Gleichverteilung ist ein sehr simples Verteilungsmodell. Es handelt sich dabei um eine nicht-informative Verteilung. Dieses Modell lässt sich insbesondere bei einer vorgegebenen Schadensobergrenze b verwenden.

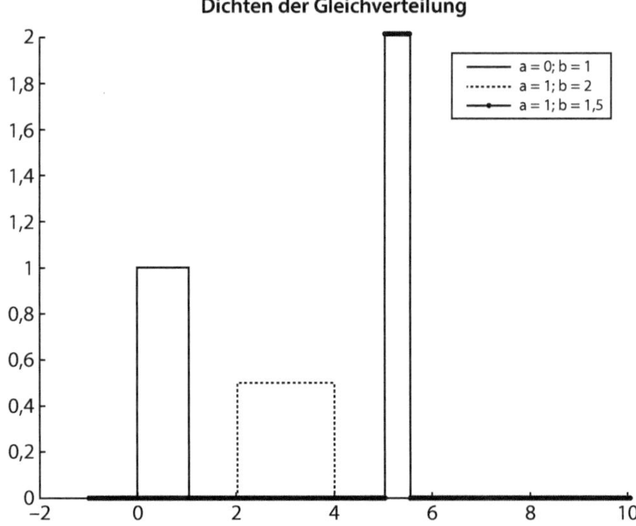

Abb. 3.10 Dichte der Gleichverteilung

Für gleichverteilte Zufallsvariable wird das Symbol $X \sim U(a;b)$ verwendet.

Definition X sei eine gleichverteilte Zufallsvariable auf dem Intervall $[a,b]$, d. h. $X \sim U(a;b)$.

Die Dichte dieser Verteilung entspricht:

$$f(x) = \begin{cases} \frac{1}{b-a}, & a \leq x \leq b \\ 0, & \text{sonst} \end{cases} . \tag{3.29}$$

Für die Verteilungsfunktion gilt:

$$F(x) = \begin{cases} 0, & x < a \\ \frac{x-a}{b-a}, & a \leq x < b \\ 1, & x \geq b \end{cases} .$$

Für die Schadensmodellierung wählt man sinnvollerweise $a \geq 0$ oder $a = 0$. Für den Erwartungswert sowie für die Varianz gilt dann:

$$E(X) = \frac{b+a}{2}, \mathrm{Var}(X) = \frac{(b-a)^2}{12}.$$

Große Bedeutung hat die Gleichverteilung bei der Generierung von Pseudozufallszahlen anderer Verteilungsmodelle, siehe Abschn. 3.5.

Abb. 3.10 zeigt drei Beispiele für Dichten der Gleichverteilung für ausgewählte Verteilungsparameter.

Abb. 3.11 Dichte der Gamma-Verteilung

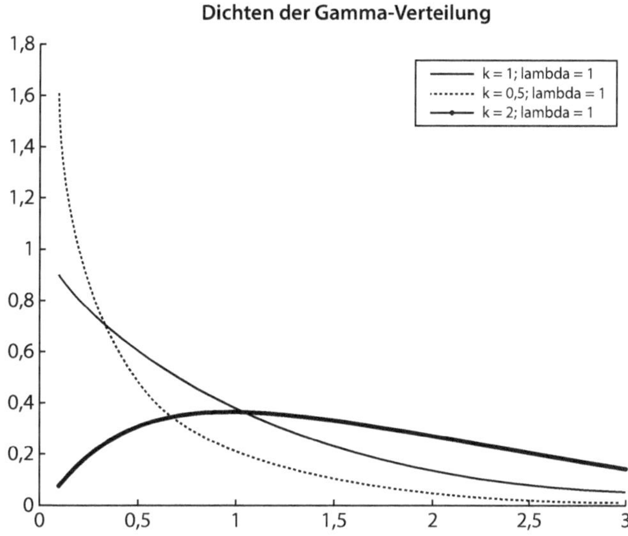

Erlang- und Gamma-Verteilung

Die in Abschn. 3.1.2 vorgestellte Exponentialverteilung und die Erlang-Verteilung sind Spezialfälle der Gamma-Verteilung. Für eine Gamma-verteilte verteilte Zufallsvariable X schreibt man symbolisch $X \sim \Gamma(k, \lambda)$ bei reellwertigen positiven Parametern k und λ.

Definition X sei eine Gamma-verteilte Zufallsvariable mit $X \sim \Gamma(k, \lambda)$. Die Dichte der Gamma-Verteilung hat dann die Form:

$$f(x) = \frac{\lambda^k}{\Gamma(k)} \cdot x^{k-1} \cdot e^{-\lambda x}. \tag{3.30}$$

Die Form der Dichtefunktion wird von Parameter k gesteuert. Dieser Parameter heißt folglich auch Formparameter. Der Parameter λ bestimmt, wie stark die Dichte in die horizontale Richtung gestaucht oder gestreckt wird. Diesen Parameter bezeichnet man als Skalenparameter.

Abb. 3.11 zeigt die Dichte der Gamma-Verteilung für verschiedene Parameter.

Für den Erwartungswert, Varianz und Schiefe der Gamma-Verteilung gilt folgendes:

$$E(X) = \frac{k}{\lambda}, \mathrm{Var}(X) = \frac{k}{\lambda^2}, s(X) = \frac{2}{\sqrt{k}}.$$

Falls der Parameter k ganzzahlig ist, wird die Gamma-Verteilung auch Erlang-Verteilung genannt. Im Spezialfall $k = 1$ erhält man die Exponentialverteilung, siehe Abschn. 3.1.2.

Die Gamma-Verteilung wird häufig zur Modellierung kleiner bis mittlerer Schäden verwendet. Bei versicherungsmathematischen Anwendungen ist dies beispielsweise in der Gewerbe-, Hausrat-, Kfz-Kasko- und Kfz-Haftpflichtversicherung der Fall.

Mit Hilfe der Exponentialverteilung kann die Verteilung von Summen von Zufallsvariablen modelliert werden. In der Risikotheorie ist dies von großer Bedeutung.

► **Wichtig** Für Summen von Gamma-verteilten bzw. exponentiell verteilten Zufallsvariablen gilt:

$$X_1 \sim \Gamma(k_1, \lambda), \qquad X_2 \sim \Gamma(k_2, \lambda) \Rightarrow X_1 + X_2 \sim \Gamma(k_1 + k_2, \lambda),$$
$$X_1 \sim \text{Exp}(\lambda), \qquad X_2 \sim \text{Exp}(\lambda) \Rightarrow X_1 + X_2 \sim \Gamma(2, \lambda),$$
$$X_1 \sim \text{Exp}(\lambda), \ldots, X_k \sim \text{Exp}(\lambda) \Rightarrow X_1 + X_2 + \ldots + X_k \sim \Gamma(k, \lambda).$$

Der Parameter λ muss in den letzten beiden Beziehungen allerdings bei allen betrachteten Zufallsgrößen identisch sein.

Beispiel

Die Durchlaufzeiten zweier aufeinander folgender Verarbeitungsschritte sind jeweils exponentiell verteilt mit Erwartungswert 40 Minuten.

Es ist die Wahrscheinlichkeit zu bestimmen, dass die gesamte Bearbeitungsdauer 120 min überschreitet.

Zunächst gilt: $\lambda = \frac{1}{40}$. Die gesamte Bearbeitungsdauer ist Gamma-verteilt mit $k = 2, \lambda = \frac{1}{40}$.

Die Verteilungsfunktion an der Stelle 120 kann mit der R-Funktion *pgamma* berechnet werden:

pgamma(120, shape = 2, scale = 40) liefert $F(120) = 0{,}8$. Somit wird eine Bearbeitungsdauer von 120 min mit Wahrscheinlichkeit $p = 0{,}2$ überschritten.

Weibull-Verteilung

Die Weibullverteilung wurde in Abschn. 3.1.3 eingeführt. Diese Verteilung wird in der Schadenmodellierung zur Abbildung von Großschäden verwendet. In der Regel benutzt man einen Formparameter $k < 1$ für Großschäden, für die Modellierung von Kleinschäden eignet sich eher $k > 1$, vgl. [2].

Zwischen einer Weibull-verteilten und einer exponentiell verteilten Zufallsgröße gilt folgende Beziehung:

$$Y \sim \text{Exp}(\lambda) \Leftrightarrow X = Y^{\frac{1}{k}} \sim \text{Weibull}(\lambda, k).$$

Normalverteilung

Die Normalverteilung ist zweifelsohne die bekannteste Verteilung in der Wahrscheinlichkeitstheorie. Die Bezeichnung Normalverteilung bezieht sich auf ihre natürliche Eignung bei vielen Anwendungen. Diese Verteilung spielt auch eine herausragende Rolle in der Risikotheorie. Eine normalverteilte Zufallsvariable wird symbolisch mit $X \sim N(\mu; \sigma^2)$ gekennzeichnet.

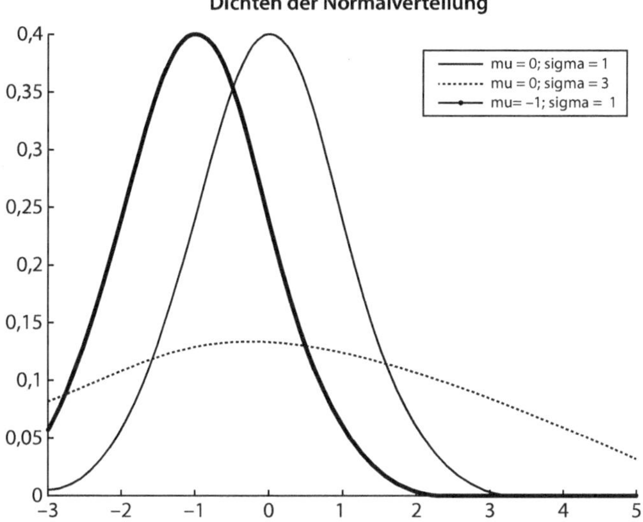

Abb. 3.12 Dichte der Normalverteilung

Definition X sei eine normalverteilte Zufallsvariable mit $X \sim N(\mu; \sigma^2)$. Die Dichtefunktion ist dann durch

$$f(x) = \frac{1}{\sqrt{2\pi} \cdot \sigma} \cdot e^{-\frac{(x-\mu)^2}{2\sigma^2}} \text{ für } x \in \mathbb{R}$$

gegeben. Eine Normalverteilung mit $\mu = 0$ und $\sigma^2 = 1$ heißt Standardnormalverteilung. Sie ist tabelliert.

Eine beliebige Normalverteilung kann immer auf Normalverteilung transformiert werden. Dies wird auch als Standardisierung bezeichnet.

Wichtig X sei eine normalverteilte Zufallsvariable mit $X \sim N(\mu; \sigma^2)$. Dann gilt für die Zufallsgröße $Y = \frac{X-\mu}{\sigma}$:

$$Y \sim N(0, 1).$$

Die Form der Dichte für verschiedene Parameter kann Abb. 3.12 entnommen werden. Der Erwartungswert und die Varianz sind gerade durch die Parameter gegeben:

$$E(X) = \mu, \quad \text{Var}(X) = \sigma^2.$$

Den Parameter $\sigma > 0$ bezeichnet man als Standardabweichung.

▶ **Wichtig** Die Normalverteilung kann nicht unmittelbar zur Modellierung von Schadenshöhen verwendet werden. Dies liegt daran, dass die Dichte für jedes – und damit auch ein negatives – x positiv ist. Somit ist die Wahrscheinlichkeit, dass die Schadenshöhe in einem negativen Wertebereich liegt immer positiv.

Trotz obiger Aussage spielt die Normalverteilung aber eine wichtige Rolle bei der Risikomodellierung. Nach dem zentralen Grenzwertsatz ist nämlich jede Schadensummenverteilung mehrerer unabhängiger Risiken annähernd normalverteilt. Man kann also die Normalverteilung zur Approximation der Schadenshöhenverteilung einer großen Menge von Risiken heranziehen.

Viele Schätzer von Verteilungsparametern für große Stichproben sind normalverteilt. Daher spielt die Normalverteilung in der Statistik eine zentrale Rolle. Auch für die unten erläuterte logarithmische Normalverteilung ist die Normalverteilung die Ausgangsbasis.

Die Summe von n unabhängigen, normalverteilten Zufallsvariablen ist ebenfalls normalverteilt. Dabei gilt:

$$X_i \sim N\left(\mu_i, \sigma_i^2\right) \Rightarrow S = \sum_{i=1}^{n} X_i \sim N\left(\sum_{i=1}^{n} \mu_i, \sum_{i=1}^{n} \sigma_i^2\right).$$

Multivariate Normalverteilung

Zur Modellierung von abhängigen Risiken kann die Verallgemeinerung der Normalverteilung verwendet werden. Man betrachtet statt einer Zufallsvariable einen Zufallsvektor mit abhängigen Komponenten.

Wir betrachten hier nur den zweidimensionalen Fall. Die zweidimensionale Zufallsgröße $\vec{X}$ ist dann ein Vektor, dessen beide Komponenten wiederum Zufallsgrößen sind, d. h. $\vec{X} = (X_1; X_2)^T$.

▶ **Definition** Für eine multivariat normalverteilte Zufallsgröße $\vec{X} \sim N_2(\mu, C)$ ist die Dichte folgendermaßen gegeben:

$$\begin{aligned} f(x_1, x_2) &= A \cdot e^{-B(x_1, x_2)} \text{ mit} \\ A &= (2\pi\sigma_1\sigma_2\sqrt{1-\rho^2})^{-1} \text{ und} \\ B(x_1, x_2) &= \left(2\left(1-\rho^2\right)\right)^{-1} \\ &\cdot \left([x_1-\mu_1]^2 \cdot \sigma_1^{-2} + [x_2-\mu_2]^2 \cdot \sigma_2^{-2} - \frac{2\rho}{\sigma_1\sigma_2}[x_1-\mu_1] \cdot [x_2-\mu_2]\right). \end{aligned}$$

Für Erwartungswertvektor und die so genannte Kovarianzmatrix gilt:

$$\vec{\mu} = (\mu_1, \mu_2)^T, C = \begin{pmatrix} \sigma_1^2 & \rho \cdot \sigma_1\sigma_2 \\ \rho \cdot \sigma_1\sigma_2 & \sigma_2^2 \end{pmatrix}, \text{ wobei}$$

$$\rho = \frac{\operatorname{Cov}(X_1, X_2)}{\sqrt{\operatorname{Var}(X_1) \cdot \operatorname{Var}(X_2)}}$$

den Korrelationskoeffizienten nach Pearson bezeichnet.

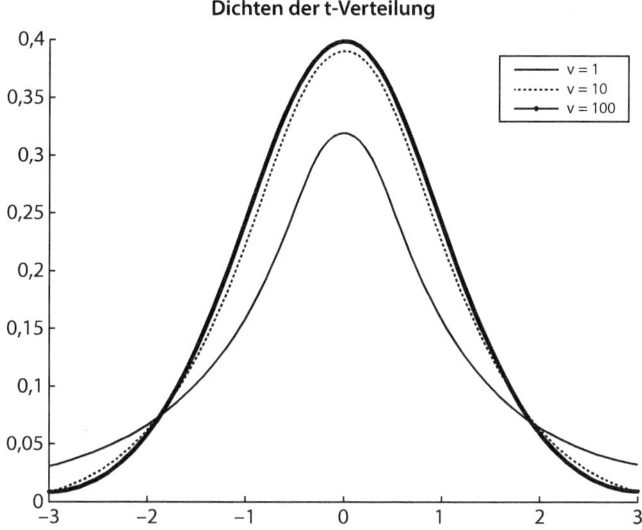

Abb. 3.13 Dichte der t-Verteilung

Die zweidimensionale Dichte stellt eine Oberfläche im Raum dar. Ihre Höhenliniendiagramme sind dabei Ellipsen mit dem Mittelpunkt (μ_1, μ_2). Wenn der Korrelationskoeffizient gleich Null ist, verlaufen die Hauptachsen dieser Ellipsen parallel zu den Koordinatenachsen.

t-Verteilung

Diese Verteilung – auch studentsche t-Verteilung – spielt ebenfalls eine wichtige Rolle bei der Modellierung von Risiken. Sie geht zurück auf den englischen Statistiker William Gossett, der während seiner Tätigkeit für die Guinness-Brauerei in Dublin gezwungen war, seine Forschungsergebnisse unter einem Pseudonym zu veröffentlichen. Er entschied sich für Student; der letzte Buchstabe wurde zur Bezeichnung der Verteilung.

Die t-verteilten Zufallsvariable hängt von einem Parameter v ab, der für die Anzahl der Freiheitsgrade steht.

► **Definition** X sei eine t-verteilte Zufallsgröße mit v Freiheitsgraden, man schreibt symbolisch $X \sim t_v$.

Die Dichte hat die folgende Form:

$$f(x) = \frac{\Gamma\left(\frac{v+1}{2}\right)}{\sqrt{\pi \cdot v}\left(\frac{v}{2}\right)} \cdot \left(1 + \frac{x^2}{v}\right)^{-\frac{v+1}{2}}. \tag{3.31}$$

Dichten der t-Verteilung werden in Abb. 3.13 dargestellt. Die Dichte der t-Verteilung fällt langsamer gegen Null als die Dichte der Standardnormalverteilung. Das bedeutet, dass diese Verteilung im Vergleich zu der Standardnormalverteilung größere Tail-Wahrscheinlichkeiten besitzt. Dieser Fakt wird bei der Modellierung von Risiken berücksichtigt, bei denen sehr große Gewinne oder Verluste häufiger auftreten als unter Normalverteilungsannahmen. Dieser Effekt wird umso größer, je kleiner der Parameter v ist. Für wachsende v nähert sich die t-Verteilung der Standardnormalverteilung.

Logarithmische Normalverteilung (Lognormalverteilung)

Im Unterschied zur Normalverteilung eignet sich diese Verteilung hervorragend als Schadenshöhenverteilung, weil ihre Dichte nur für $x > 0$ definiert und dann natürlich stets positiv ist. Wir verwenden die Bezeichnung $X \sim LN(\mu, \sigma^2)$ für eine logarithmisch normalverteilte – oder log-normalverteilte – Zufallsvariable.

> **Definition** $X \sim LN(\mu, \sigma^2)$ sei eine logarithmisch normalverteilte Zufallsgröße. Ihre Dichte ist dann folgendermaßen gegeben:

$$f(x) = \frac{1}{x \cdot \sigma \cdot \sqrt{2\pi}} \cdot e^{-\left(\frac{(\ln(x)-\mu)^2}{2\sigma^2}\right)}, x > 0. \tag{3.32}$$

> **Wichtig** Zwischen der Log-Normalverteilung und der Normalverteilung gelten die folgenden Beziehungen:
>
> 1. $Y \sim N(\mu, \sigma^2) \Rightarrow X = e^Y \sim LN(\mu, \sigma^2)$.
> 2. $X \sim LN(\mu, \sigma^2) \Rightarrow Y = \log(X) \sim N(\mu, \sigma^2)$.

Erwartungswert und Varianz können auf Grundlage der beiden Parameter bestimmt werden:

$$E(X) = e^{\mu+\frac{\sigma^2}{2}}, \mathrm{Var}(X) = e^{2\mu+\sigma^2} \cdot \left(e^{\sigma^2} - 1\right).$$

Man berechnet die Schiefe dieser Verteilung aus

$$\gamma = \sqrt{e^{\sigma^2} - 1} \cdot \left(e^{\sigma^2} + 2\right).$$

Die Logarithmische Normalverteilung wird in der Regel zur Modellierung von Großschäden verwendet.

Abb. 3.14 zeigt die Dichte für verschiedene Parameter.

Log-Gamma-Verteilung

In Analogie zur Definition der Log-Normalverteilung entsteht die Log-Gamma-Verteilung aus der folgenden Transformation:

$$Y \sim \Gamma(k, a) \Rightarrow X = e^Y \sim LN\Gamma(k, a).$$

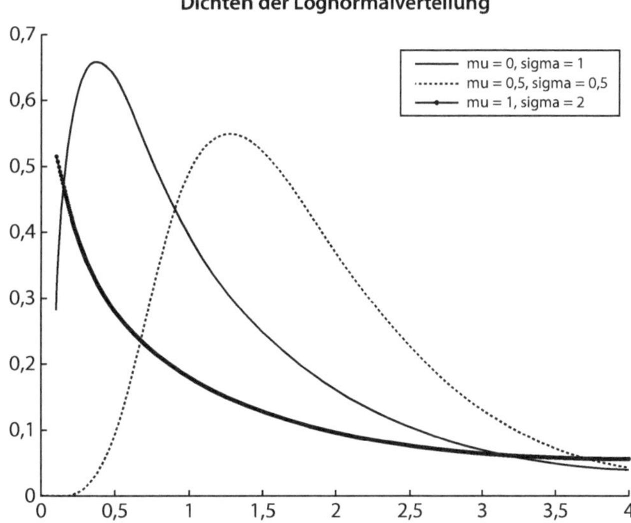

Abb. 3.14 Dichte der Lognormalverteilung

Definition $Y \sim LN\Gamma(k, a)$ sei eine Log-Gamma-verteilte Zufallsgröße. Die Dichtefunktion dieser Verteilung hat die folgende Form:

$$f(x) = \frac{a^k}{\Gamma(k)} \cdot [\ln(x)]^{k-1} \cdot x^{-a-1}, x > 1, k > 0, a > 0. \tag{3.33}$$

Für Erwartungswert und Varianz ist bekannt:

$$E(X) = \left(1 + \frac{1}{a}\right)^{-k}, \text{Var}(X) = \left(1 + \frac{2}{a}\right)^{-k} - \left(1 + \frac{1}{a}\right)^{-2k}.$$

Man verwendet die Log-Gamma-Verteilung zur Modellierung von Großschäden. Mit den Transformationen

$$Y = X - 1 \text{ und } Y = M \cdot X$$

erhält man Verteilungen auf $(0, \infty)$ und auf $(1, \infty)$.

Abb. 3.15 zeigt einige Beispiele für Dichten der Log-Gamma-Verteilung.

Pareto-Verteilung

Die Pareto-Verteilung wurde bereits im Abschn. 3.2.2 kurz erwähnt. Die Besonderheit dieser Verteilung besteht darin, dass sie nur oberhalb eines Schwellenwertes x_0 positive Wahrscheinlichkeiten liefert. Die symbolische Bezeichnung für eine Pareto-verteilte Zufallsvariable ist $X \sim \text{Pareto}(x_0, a)$.

Für Pareto-verteilte Zufallsvariablen konvergiert die sogenannte Überschadenswahrscheinlichkeit $P(X > x) = 1 - F(x)$ für hohe Schadensummen x relativ langsam gegen

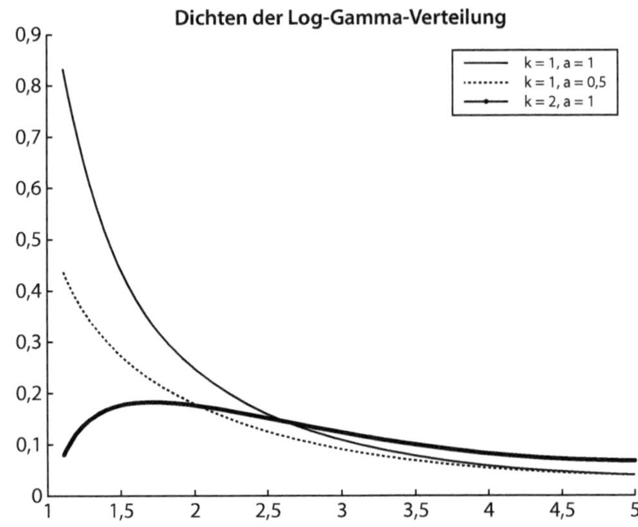

Abb. 3.15 Dichte der Log-Gamma-Verteilung

Null. Es handelt sich um eine Heavy-Tail-Verteilung, weil die Konvergenz gegen Null langsamer als bei einer Exponentialverteilung ist. Daher findet diese Verteilung Anwendung bei der Modellierung von Großschäden. Im versicherungsmathematischen Bereich bei Feuerversicherungen von Großanlagen und auch bei Rückversicherungen.

► **Definition** $X \sim \text{Pareto}(x_0, a)$ sei eine Pareto-verteilte Zufallsvariable. Dichte und Verteilungsfunktion sind dann durch

$$f(x) = a \cdot x_0^a \cdot x^{-a-1}, \tag{3.34}$$
$$F(x) = 1 - \left(\frac{x}{x_0}\right)^{-a}, \quad x_0 > 0, \quad a > 0, \quad x \geq x_0$$

gegeben.

Für Erwartungswert, Varianz und Schiefe von $X \sim \text{Pareto}(x_0, a)$ gelten folgende Ausdrücke:

$$E(X) = \frac{a \cdot x_0}{a-1}, \text{ falls } a > 1,$$
$$\text{Var}(X) = \frac{a \cdot x_0^2}{(a-1)^2(a-2)}, \text{ falls } a > 2,$$
$$\gamma(X) = \frac{2\sqrt{a-2} \cdot (a+1)}{\sqrt{a} \cdot (a-3)}, \text{ falls } a > 3.$$

Man erhält die Log-Gamma-Verteilung, falls $x_0 = 1$ ist, d. h.

$$X \sim \text{Pareto}(1; a) \Leftrightarrow LN\Gamma(1; a).$$

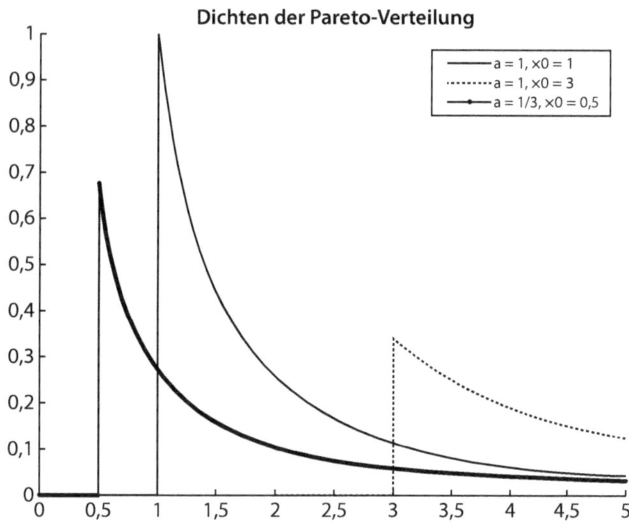

Abb. 3.16 Dichte der Pareto-Verteilung

Aus der oben definierten Dichte der so genannten gewöhnlichen Pareto-Verteilung kann man eine Nullpunkt-Pareto-Verteilung $X \sim$ Null-Pareto(x_0, a) durch folgende Transformation erhalten:

$$f(x) = \frac{a}{x_0} \cdot \left(1 + \frac{x}{x_0}\right)^{-a-1}, \quad F(x) = 1 - \left(1 + \frac{x}{x_0}\right)^{-a}, \quad x_0 > 0, \quad a > 0, \quad x \geq 0.$$

Diese Verteilung ist für $x \geq 0$ definiert. Varianz und Schiefe verändern sich nicht. Für den Erwartungswert der Null-Pareto-Verteilung gilt nun:

$$E(X) = \frac{x_0}{a-1}, \text{ falls } a > 1.$$

Abb. 3.16 zeigt den Verlauf der Dichte für verschiedene Parameter.

Bezüglich der Darstellung von weiteren Verteilungsmodellen wie verallgemeinerte Pareto- und Extremwert-Verteilung, Beta-Verteilung, Dreiecksverteilung, verschobene Verteilung, gestutzte Verteilungen sowie zeitabhängige Verteilungen soll auf die weiterführende Fachliteratur verwiesen werden, siehe [8].

► **Wichtig** Einzelschäden werden als stetig verteilte Zufallsvariable modelliert.

3.3.2 Modellierung der Schadensanzahl

Wir betrachten nun eine Reihe von gleichartigen Risiken im Zeitverlauf. Dabei interessieren wir uns nicht nur für die Schadenshöhe X, sondern auch für die Anzahl $N(t)$ der

Schäden innerhalb einer Zeitperiode der Dauer t. Die Schadenszahl $N(t)$ wird als Zufallsvariable betrachtet, deren Verteilung sinnvoll zu modellieren ist.

► **Definition** Unter einem Schaden wird ein Ereignis verstanden, da zu einer finanziellen oder technischen Belastung der betrachteten Organisationseinheit führt.

Die Schadensanzahl wird als diskret verteilte Zufallsvariable modelliert.

Die Verteilung der Schadensanzahl hängt von der betrachteten Zeitperiode ab. Auf der Grundlage von $N(t)$ kann ein stochastischer Prozess $\{N(t)|t \in T\}$, der so genannte Schadensanzahlprozess, definiert werden. Zur Definition eines stochastischen Prozesses sei auf Abschn. 3.2.3 verwiesen. Die Modellierung eines Schadensanzahlprozesses setzt zusätzliche Regeln für die mögliche Abfolge von Schadenfällen voraus, da die Schadenverteilungen für zukünftige Zeiträume von dem vorherigen Geschehen abhängen. Bedingte Wahrscheinlichkeiten liefern hierzu die passenden mathematischen Werkzeuge.

Wir diskutieren einige Beispiele für Schadensanzahlverteilungen und -prozesse. Poisson-Prozesse stellen dabei die bekanntesten und wichtigsten Modelle dar.

Bernoulli-Prozess und Binomialverteilung

Bei diesem Modell geht man davon aus, dass ein zufälliges Ereignis wie zum Beispiel ein Schaden in einem Zeitraum der Dauer 1 Zeiteinheit (Stunde, Tag, Woche, etc.) höchstens einmal mit Wahrscheinlichkeit p auftreten kann. Von der Vergangenheit hängt diese Wahrscheinlichkeit nicht ab. Innerhalb einer Periode der Dauer t können dann maximal t Ereignisse auftreten.

In diesem Fall bietet sich die Binomialverteilung als ein passendes stochastisches Modell an:

► **Definition** $N(t)$ sei binomialverteilt mit den Parametern t, p ($N(t) \sim B(t, p)$). Für die Wahrscheinlichkeit $p_n(t)$, dass innerhalb einer Periode der Dauer t n Ereignisse auftreten, gilt dann:

$$p_n(t) = P(N(t) = n) = \binom{t}{n} \cdot p^n \cdot (1-p)^{t-n}. \tag{3.35}$$

Die Wahrscheinlichkeit $p_n(t)$ wird als Einzelwahrscheinlichkeit bezeichnet.

Eine Binomialverteilung mit Parameter $t = 1$ wird auch Bernoulli-Verteilung genannt.

Der Erwartungswert der diskret verteilten Zufallsgröße $N(t)$ ist im Allgemeinen durch

$$E(N(t)) = \sum_{n=0}^{\infty} p_n(t) \cdot n \tag{3.36}$$

gegeben.

Für die Varianz gilt (vgl. die Berechnung der Varianz einer stetig verteilten Zufallsgröße in (3.9)):

$$\mathrm{Var}(N(t)) = \sum_{n=0}^{\infty} p_n(t) \cdot n^2 - (E(N(t)))^2. \tag{3.37}$$

Für zwei unabhängige Binomialverteilungen gilt außerdem:

$$N_i(t) \sim B(t_i, p), i = 1, 2 \Rightarrow N_1 + N_2 \sim B(t_1 + t_2, p).$$

Das bedeutet, dass die Gesamtschadensanzahl bei unabhängig auftretenden Schäden wieder binomialverteilt ist, wenn jeder Schaden innerhalb einer Zeiteinheit mit der gleichen Wahrscheinlichkeit p auftritt.

Falls die Schäden in der Zeitperiode t_1 die Schäden in der Zeitperiode t_2 beeinflussen, spricht man von den so genannten Ansteckungsprozessen.

Die Anzahl der Ereignisse in einer Periode der Dauer t kann als Summe der Ereignisse in t Perioden der Länge 1 dargestellt werden, da in einer Zeiteinheit maximal ein Ereignis auftreten kann. Mit $N_i(1)$, $i = 1, \ldots, t$ seien Schadenszahlen in einer Zeiteinheit definiert. Es gilt dann:

$$N(t) = N_1(1) + N_2(1) + \cdots + N_t(1).$$

Mit (3.36) und (3.37) gilt:

$$E(N_i(t)) = p \text{ und } \mathrm{Var}(N_i(t)) = p - p^2 = p(1-p), i = 1, \ldots, t.$$

Für ihren Erwartungswert und die Varianz der Gesamtschadensanzahl gilt dann:

$$E(N(t)) = t \cdot p, \mathrm{Var}(N(t)) = t \cdot p \cdot (1-p).$$

Dieses Verteilungsmodell eignet sich in erster Linie für geringere Schadensanzahlen und kurze Periodendauern. Für längere Perioden bietet sich die Verwendung der Poisson-Verteilung an, da die Binomialverteilung für $t \to \infty$ gegen diese konvergiert, siehe unten.

Abb. 3.17 zeigt die $B(5, 0{,}1)$- und $B(10, 0{,}5)$-Verteilung

▶ **Definition** Ein Bernoulli-Prozess $\{N(t) | t \in T\}$ ist ein zeit-diskreter stochastischer Prozess mit binomialverteilten Zufallsgrößen $N(t) \sim B(t, p)$.

Nun sollen einige typischen Anwendungen der Binomialverteilung und des Bernoulli-Prozesses in der Risikomodellierung exemplarisch vorgestellt werden.

Beispiel: Betrachtung eines Risikos über mehrere Zeitperioden

Ein Produktionsbetrieb besitzt eine Maschine, bei der pro Monat ein Ausfall mit Wahrscheinlichkeit $p = 0{,}15$ möglich ist. Die Ausfälle werden als unabhängig voneinander

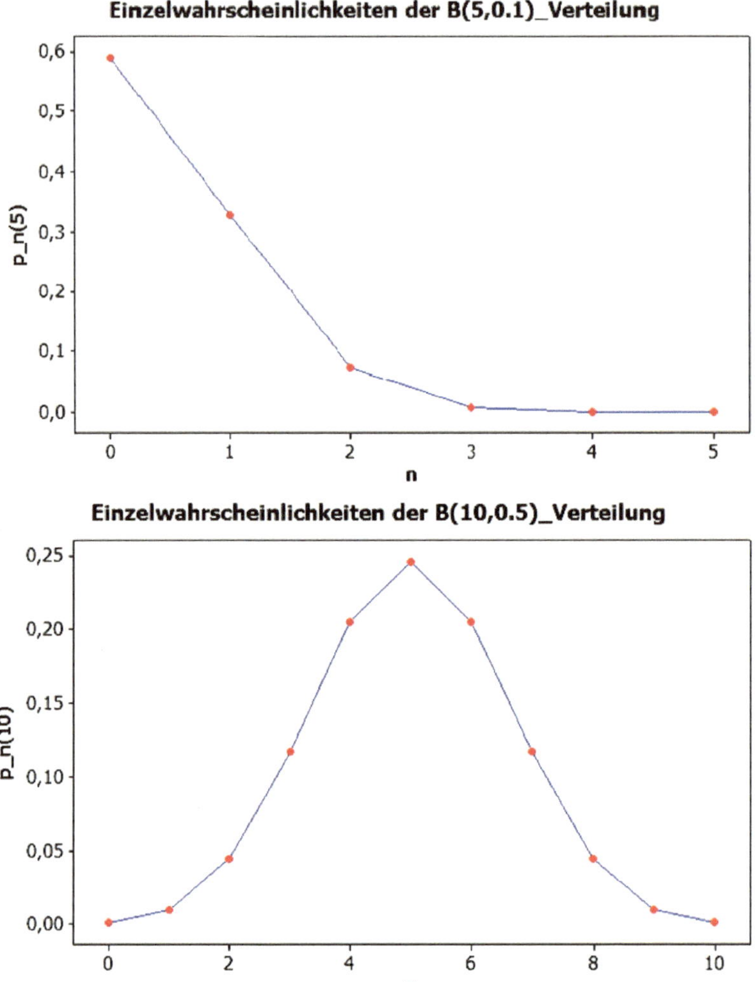

Abb. 3.17 Einzelwahrscheinlichkeiten der Binomialverteilung

angenommen. Somit kann die Anzahl der Ausfälle in einer bestimmten Periode als Bernoulli-Prozess modelliert werden.

Abb. 3.18 zeigt eine mögliche Realisierung solches Prozesses über 24 Monate.

Beispiel: Betrachtung mehrere Risiken innerhalb einer Zeitperiode

Wir betrachten eine Maschine, die 5 Komponenten eines ähnlichen Typs enthält. Die Ausfallwahrscheinlichkeit jeder Komponente soll pro Monat $p = 0{,}1$ betragen.

Ganz offensichtlich kann die Gesamtschadensanzahl (Anzahl der Ausfälle) mit der $B(5, 0{,}1)$-Verteilung modelliert werden.

Abb. 3.17 (obere Abbildung) zeigt die Einzelwahrscheinlichkeiten dieser Verteilung.

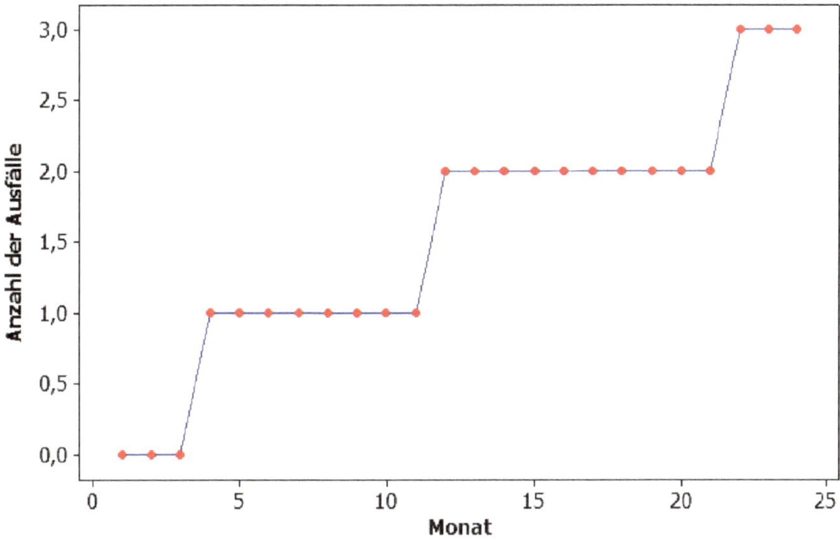

Abb. 3.18 Realisierung eines Bernoulli-Prozesses

Beispiel: Rückstellungen für Gewährleistungen

Ein Investitionsgüterhersteller rechnet im Gewährleistungsfall mit Kosten in Höhe von 1000 € für ein bestimmtes Produkt, von dem 15.000 Stück Gewährleistungsrechte besitzen. Bei einem Produkt tritt mit einer Wahrscheinlichkeit von 0,5 % eine Störung ein, die zu einem Gewährleistungsanspruch führt.

Die Höhe der notwendigen Rückstellungen soll abgeschätzt werden.

Die Anzahl der Gewährleistungsfälle X kann als binomialverteilt vorausgesetzt werden mit $X \sim B(15.000, 0{,}005)$.

Für den Erwartungswert gilt dann: $E(X) = n \cdot p = 15.000 \cdot 0{,}005 = 75$.

Dies führt zu erwarteten Kosten in Höhe von 75.000 €.

Wird noch die Varianz

$$\mathrm{Var}(X) = n \cdot p \cdot (1 - p) = 15.000 \cdot 0{,}005 \cdot 0{,}995 = 74{,}625$$

berücksichtigt, muss man eine mögliche Abweichung vom Mittelwert von $\pm\sqrt{74{,}625} = \pm 8{,}639$ noch beachtet werden. Somit ist im Sinne einer Abschätzung nach oben mit weiteren 8639 € zu rechnen.

Insgesamt sollte das Unternehmen daher Rückstellungen in Höhe von mindestens 83.639 € bilden.

Negative Binomialverteilung

Wir bezeichnen mit N die zufällige Schadensanzahl pro Zeiteinheit. Mit n bezeichnen wir die Anzahl der Schäden, mit $q = 1 - p$ die Wahrscheinlichkeit, dass ein Schaden auftritt und mit r bezeichnen wir die Anzahl der „Erfolge“ , dass kein Schaden auftrat. Die Wahrscheinlichkeit für einen Erfolg ist offensichtlich p. Die Schadensanzahl N folgt dann der negativen Binomialverteilung mit den Parametern r und p: $N \sim NB(r, p)$

Definition $N \sim NB(r, p)$ sei eine negativ binomialverteilte Zufallsvariable. Dann gilt für die Einzelwahrscheinlichkeiten:

$$P(N = n) = p_n = \binom{r + n - 1}{n} \cdot p^r \cdot (1 - p)^n. \tag{3.38}$$

Erwartungswert und Varianz einer negativ binomialverteilten Zufallsgröße $N \sim NB(r, p)$ können mittels

$$E(N) = r \cdot p^{-1} \cdot (1 - p), \quad \text{Var}(N) = r \cdot p^{-2} \cdot (1 - p)$$

bestimmt werden.

Im Fall $r = 1$, erhält man die so genannte Geometrische Verteilung.

Für zwei unabhängige Einzelverteilungen gilt in Analogie zur Binomialverteilung:

$$N_i \sim NB(r_i, p), \quad i = 1, 2 \Rightarrow N_1 + N_2 \sim NB(r_1 + r_2, p).$$

Die negative Binomialverteilung wird oft zur Modellierung der Schadensanzahl herangezogen, weil sie mit dem zusätzlichen Parameter r etwas flexibler ist als die Binomialverteilung.

Abb. 3.19 stellt Einzelwahrscheinlichkeiten für die negative Binomialverteilung dar.

Typische Modellierungsbeispiele für die negative Binomialverteilung sollen im Folgenden näher betrachtet werden.

Beispiel: Diagnostische Fehlererkennung

Wir gehen davon aus, dass ein Fehler mittels eines Prüfverfahrens mit Wahrscheinlichkeit p erkannt wird. Die Anzahl der notwendigen Prüfungen bis zu Erkennung des Fehlers ist negativ binomialverteilt mit $r = 1$, p. Mit $P(N = n)$ ist in diesem Fall die Wahrscheinlichkeit gegeben, dass der Fehler bei der $(n + 1)$-ten Prüfung entdeckt wird.

$$P(N = n) = p_n = p \cdot (1 - p)^n$$

Die negative Binomialverteilung wird zur Modellierung der Anzahl von Ereignissen verwendet, wenn die Binomialverteilung ungeeignet ist, da die Varianz größer als der Erwartungswert ist.

Beispiel: Modellierung der Anzahl von Ereignissen

Ein Unternehmen betreibt einen Fuhrpark mit 500 Fahrzeugen. Aus früheren Untersuchungen ist bekannt, dass es im Mittel zu 20 Unfällen im Jahr kommt mit einer

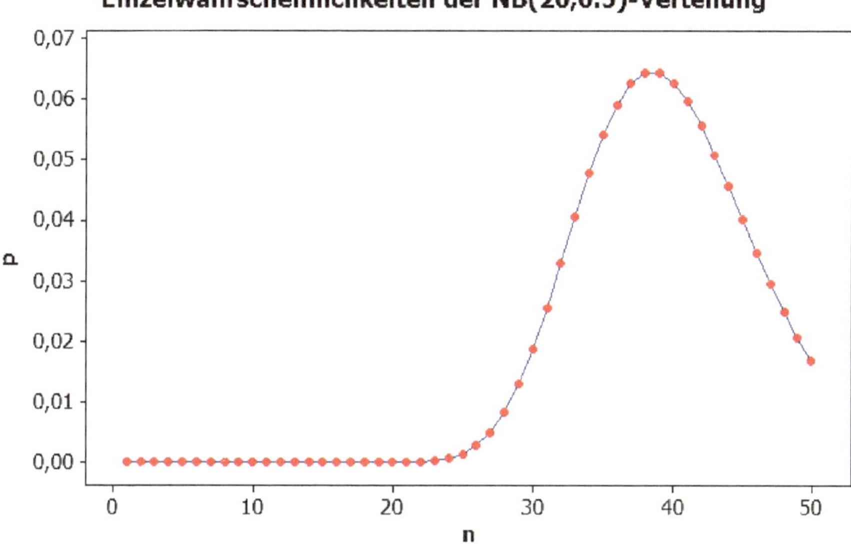

Abb. 3.19 Einzelwahrscheinlichkeiten der negativen Binomialverteilung

Standardabweichung von 6,3246. Die Varianz ist dann gleich 40. Die Modellierung an Hand einer Binomialverteilung ist hier nicht möglich, weil die Varianz größer als der Mittelwert ist. N sei die Anzahl der Unfälle pro Jahr.

Aus $E(N) = 20 = \frac{r(1-p)}{p}$ und $\text{Var}(N) = 40 = \frac{r(1-p)}{p^2}$ folgt $p = 0{,}5$ und $r = 20$.

Damit kann die Anzahl der Unfälle mit der negativen Binomialverteilung $NB(20; 0{,}5)$ beschrieben werden, vgl. Abb. 3.19.

Logarithmische Verteilung

Diese Verteilung dient als Grundlage für weitere, komplexere Verteilungsmodelle, siehe beispielsweise [1].

Die Logarithmische Verteilung wird nur selten zur Modellierung der Schadensanzahl verwendet. Wir gehen wieder von einer Zufallsgröße N aus, die für die Schadensanzahl pro Zeiteinheit steht.

▶ **Definition** Die Zufallsgröße N sei logarithmisch mit Parameter p verteilt: $N \sim L(p)$.

Die Einzelwahrscheinlichkeiten dieser diskreten Verteilung sind dann durch

$$P(N = n) = p_n = -\frac{p^n}{n \cdot \ln(1-p)}, 0 < p < 1, n = 1, 2, \ldots \tag{3.39}$$

gegeben.

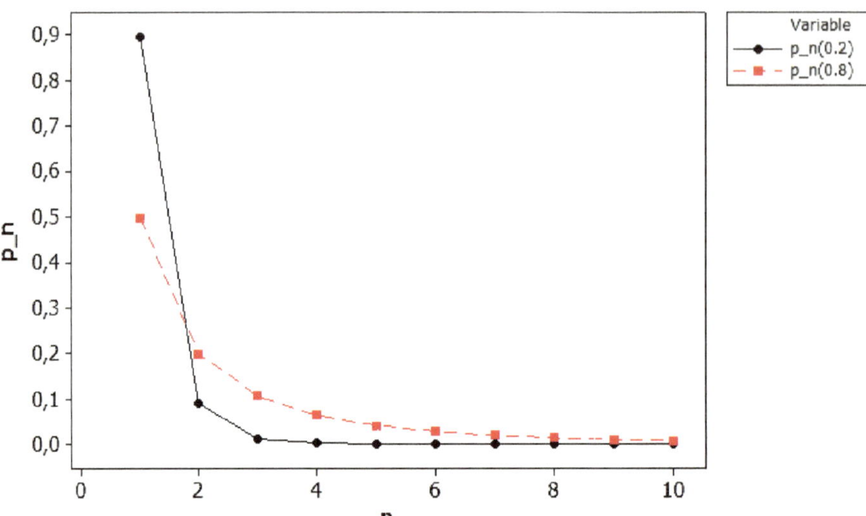

Abb. 3.20 Einzelwahrscheinlichkeiten der Logarithmischen Verteilung

Mit (3.36) und (3.37) können Erwartungswert und Varianz bestimmt werden:

$$E(N) = -\frac{p}{(1-p)\cdot\ln(1-p)}, \quad \mathrm{Var}(N) = -\frac{p\cdot(\ln(1-p)+p)}{(1-p)^2\cdot\ln^2(1-p)}.$$

Einzelwahrscheinlichkeiten können Abb. 3.20 entnommen werden.

Poisson-Verteilung

Die Poisson-Verteilung ist eine äußerst wichtige Verteilung bei der Risikomodellierung. Sie ist die Verteilung so genannter seltener Ereignisse und daher auf fast natürliche Art und Weise als Verteilung der Schadensanzahl oder sonstiger Risikoereignisse geeignet.

Wir gehen wieder von einer Zufallsgröße N aus, die für die Schadensanzahl pro Zeiteinheit steht.

Definition Die Zufallsgröße N sei Poisson-verteilt mit Parameter μ: $N \sim \mathrm{Poisson}(\mu)$. Die Einzelwahrscheinlichkeiten dieser diskreten Verteilung sind dann durch

$$P(N=n) = p_n = \frac{\mu^n}{n!}\cdot e^{-\mu}, n = 0,1,2,\ldots \tag{3.40}$$

gegeben. Der Parameter μ wird als Intensität bezeichnet.

Erwartungswert und Varianz sind gleich der Intensität, d. h.: $E(N) = \mathrm{Var}(N) = \mu$.

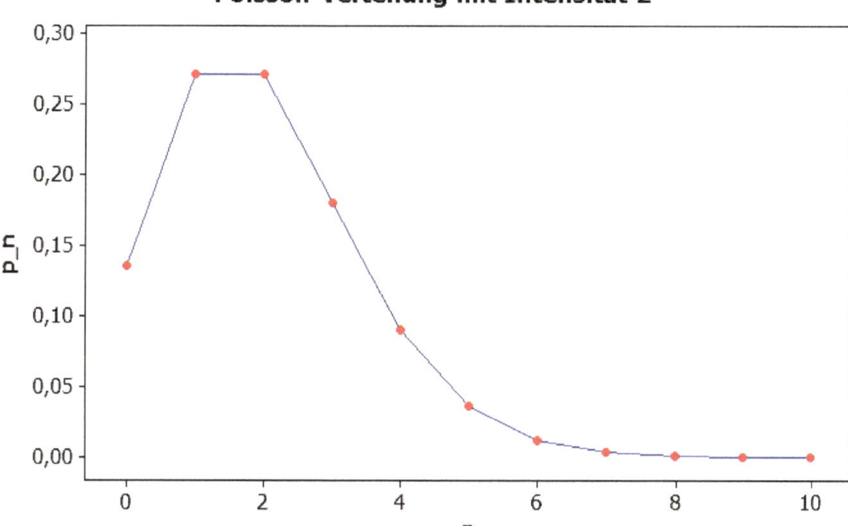

Abb. 3.21 Einzelwahrscheinlichkeiten der Poisson-Verteilung mit $\mu = 2$

Die Summe zweier unabhängiger, Poisson-verteilter Zufallsgrößen ist wiederum Poisson-verteilt:

$$N_i \sim \text{Poisson}(\mu_i), i = 1, 2 \Rightarrow N_1 + N_2 \sim \text{Poisson}(\mu_1 + \mu_2). \tag{3.41}$$

Abb. 3.21 zeigt Einzelwahrscheinlichkeiten einer der Poisson-verteilten Zufallsvariable.

Wir betrachten nun wieder die oben eingeführte Schadensanzahl $N(t)$ als Schadensanzahl innerhalb einer Zeitperiode der Dauer t. Ist die Schadensanzahl N pro Zeiteinheit Poisson-verteilt mit Parameter μ, d. h. $N \sim \text{Poisson}(\mu)$, dann folgt mit (3.41):

$$N(t) \sim \text{Poisson}(\mu t) \text{ bzw. } P(N(t) = n) = p_n = \frac{(\mu t)^n}{n!} \cdot e^{-\mu t}, n = 0, 1, 2, \ldots$$

Aus mathematischer Sicht ist die Poisson-Verteilung aus mehreren Gründen interessant.

► **Wichtig** Die Poisson-Verteilung ist die Grenzverteilung der Binomialverteilung. Ist die Schadensanzahl in einer Periode der Dauer t binomialverteilt, d. h. $N(t) \sim B(t, p)$, dann gilt für $t \to \infty$, $p \to 0$: $N(t) \sim \text{Poisson}(\mu)$ mit $\mu = t \cdot p$. Aufgrund der Grenzübergänge ist obige Aussage nicht direkt nutzbar. Allerdings kann die Poisson-Verteilung als Approximation der Binomialverteilung erfahrungsgemäß für $t \geq 100$ und $p < 0{,}1$ genutzt werden.

► **Wichtig: Die Dualität von Poisson- und Exponentialverteilung** Ist N als zufällige Anzahl von Ereignissen pro Zeiteinheit Poisson-verteilt mit Parameter μ, dann ist die zufällige Wartezeit T zwischen zwei aufeinander folgenden Ereignissen exponentiell verteilt mit dem gleichen Parameter μ.

Weiterhin ist die Poisson-Verteilung die Grundlage eines Poisson-Prozesses, siehe unten Abschn. 3.3.3.

Im Folgenden werden typische Anwendungen der Poisson-Verteilung vorgestellt.

Beispiel: Betrachtung eines Risikos über mehrere Zeitperioden

In einem Betrieb wird eine Anlage $t = 10$ Monate lang getestet. Die Wahrscheinlichkeit in einem Monat auszufallen beträgt 20 % . Die Anzahl der Ausfälle pro Monat sei Poisson-verteilt.

Die Verteilung der Anzahl der Ausfälle im Beobachtungszeitraum (10 Monate) sowie Erwartungswert und Varianz sollen bestimmt werden.

Zunächst ergibt sich die Intensität zu $\mu = 0{,}2$.

Die Anzahl der Ausfälle während des Beobachtungszeitraums ist somit Poisson-verteilt mit $\mu t = 10 \cdot 0{,}2 = 2$. Die Einzelwahrscheinlichkeiten können Abb. 3.21 entnommen werden. Für Erwartungswert und Varianz gilt: $E(N(10)) = \mathrm{Var}(N(10)) = 2$.

Beispiel: Betrachtung mehrerer Risiken innerhalb einer Zeitperiode

Fällt eine Maschine eines bestimmten Typs in der betrachteten Zeitperiode mit Wahrscheinlichkeit μ aus und gibt es t solcher Maschinen, dann ist die Anzahl aller Maschinenausfälle Poisson-verteilt mit Parameter μt.

Panjer-Verteilung

Diese Verteilung hängt von zwei Parametern a, b ab und ist daher sehr flexibel. Sie wird recht häufig zur Modellierung der Schadenszahl eingesetzt.

Definition N sei eine Panjer-verteilte Zufallsgröße: $N \sim \mathrm{Panjer}(a, b)$ mit $a + b \geq 0$. Die Einzelwahrscheinlichkeiten $p_n = P(N = n)$ werden wie folgt rekursiv gebildet:

$$p_n = p_{n-1} \cdot \left(a + \frac{b}{n}\right), n \geq 1 \text{ bei bekannter Startwahrscheinlichkeit } p_0. \tag{3.42}$$

Es muss gelten:

$$\sum_{n=0}^{\infty} p_n = 1.$$

Für Erwartungswert und Varianz der Panjer-Verteilung gilt:

$$E(N) = \frac{a + b}{1 - a}, \quad \mathrm{Var}(N) = \frac{a + b}{(1 - a)^2}.$$

Man kann zeigen, dass diese Verteilung die Binomial-, die Negative Binomial- sowie die Poisson-Verteilung als Spezialfälle umfasst:

$$a = -\frac{p}{1-p}, b = \frac{(t+1)\cdot p}{1-p}, p_0 = (1-p)^t \Rightarrow N \sim B(t,p),$$
$$a = 1-p, b = (r-1)\cdot(1-p), p_0 = p^r \Rightarrow N \sim NB(r,p)$$

und

$$a = 0, b = \mu t, p_0 = e^{\mu t} \Rightarrow N \sim \text{Poisson}(\mu t).$$

Insbesondere wenn die Gesamtschadensverteilung bestimmt werden soll, ist die rekursive Form der Panjer-Verteilung von großem Nutzen.

► **Wichtig** Schadensanzahlen werden als diskret verteilte Zufallsgrößen modelliert.

3.3.3 Modellierung von Schadensanzahlprozessen

Falls man den zeitliche Verlauf der Schadensanzahl und nicht nur die Schadensanzahl innerhalb eines vorgegebenen Zeitfensters modellieren möchte, so stellen stochastische Prozesse die wichtigen mathematischen Werkzeuge dar. Stochastische Prozesse wurden in Abschn. 3.3 eingeführt. Nun sollen spezielle stochastische Prozesse zur Modellierung der Schadensanzahl betrachtet werden.

► **Definition** $N(t)$ sei die Schadensanzahl in einer Zeitperiode der Dauer t. Ein stochastischer Prozess zur Modellierung der Schadensanzahl wird als Zählprozess bezeichnet. Ein Zählprozess ist eine Familie von Zufallsvariablen $\{N(t), 0 \leq t < \infty\}$ mit nicht-negativen, ganzzahligen Werten $N(t)$ und $N(0) = 0$.

Bezieht sich $N(t)$ auf die Anzahl von Schäden, so wird der zugehörige Zählprozess als Schadensanzahlprozess bezeichnet.

Die Realisierungen eines Zählprozesses haben die folgende Eigenschaft: Der Pfad stellt eine monoton wachsende, rechtsseitig stetige Funktion dar, da die Schäden, die genau im Zeitpunkt t auftreten, mitgezählt werden. Das Monotonieverhalten ist offensichtlich und entspricht dem der Realisierung eines Bernoulli-Prozesses, vgl. Abb. 3.18.

► **Definition** Es werden Ereignisse betrachtet, die an diskret verteilten Zeitpunkten eintreten.

T_i sei der Eintrittszeitpunkt des i-ten Ereignisses. Mit

$$D_i = T_i - T_{i-1}, i = 1, 2, \ldots,$$

werden dann die so genannten Zwischeneintrittszeiten definiert.

Sind die Eintrittszeitpunkte zufällig, so bilden die Zwischeneintrittszeiten – in der Regel – stetig verteilte Zufallsvariable. Die Anzahl der Ereignisse – oder Eintrittszeitpunkte – pro Zeiteinheit ist natürlich diskret verteilt.

Nun soll der so genannte homogene Poisson-Prozess vorgestellt werden, der auch außerhalb der Risikomodellierung eine breite Palette von Anwendungen aufweist. Diese sind beispielsweise in der Physik, Telekommunikation, Logistik sowie in den Lebenswissenschaften zu finden.

Homogene Poisson-Prozesse

▶ **Definition** Ein Zählprozess $\{N(t), 0 \leq t < \infty\}$ heißt homogener Poisson-Prozess mit Intensität oder Schadensintensität $\mu > 0$, falls er die folgenden Eigenschaften aufweist:

E1) $N(0) = 0$.
E2) $N(t+u) - N(t) \sim \text{Poisson}(\mu u), 0 \leq t, u < \infty$.
E3) Die Zufallsvariablen $N(t_{i+1}) - N(t_i), i = 0, 1, 2, \ldots, n-1$ sind für beliebige $0 = t_0 < t_1 < \ldots < t_n$ stochastisch unabhängig.

Für Erwartungswert und Varianz erhält man:

$$E(N(u)) = \text{Var}(N(u)) = \mu u.$$

Aus Eigenschaft E2 folgt für $t = 0$ unmittelbar:

$$N(0+u) - N(0) = N(u) \sim \text{Poisson}(\mu u).$$

Für die Einzelwahrscheinlichkeiten gilt dann natürlich:

$$P(N(u) = n) = p_n(u) = \frac{(\mu u)^n}{n!} \cdot e^{-\mu u}.$$

Die erste Eigenschaft E1 gilt für alle Zählprozesse, siehe oben.

Eigenschaft E2 beschreibt die Homogenität – auch Stationarität genannt – des Prozesses. Die Verteilung von $N(t+u) - N(t)$ hängt nicht von t ab. Insbesondere gilt: $N(t+1) - N(t) \sim \text{Poisson}(\mu)$ für alle t. Die Anzahl zusätzlicher Ereignisse in einem Zeitintervall der Länge u hängt damit nicht von der Lage des Intervalls auf der Zeitachse ab.

Aus mathematischer Sicht ist E2 äquivalent zu den folgenden Aussagen:

E2 a) Die Verteilung von $N(t+u) - N(t)$ hängt nur von u und nicht von t ab ($u > 0, t \geq 0$).
E2 b) Es gilt $\lim_{h \to 0} \frac{P(N(t+h)-N(t)=1)}{h} = \mu$.
E2 c) Es gilt $\lim_{h \to 0} \frac{P(N(t+h)-N(t)\geq 2)}{h} = 0$.

Die dritte Eigenschaft E3 bezieht sich auf die Unabhängigkeit der Zuwächse. Der homogene Poisson-Prozess ist somit kein Ansteckungsprozess und nicht zur Beschreibung von Effekten wie Kettenreaktion, Häufung oder Ausdünnung geeignet. Eigenschaft E3 beschreibt den so genannten totalen Zufall. Die Anzahlen der Ereignisse in disjunkten, d. h. sich nicht überlappenden, Zeitintervallen sind stets stochastisch unabhängig. Dies ist eine harte Forderung, die in vielen Anwendungen nicht erfüllt werden kann. Man denke etwa an einen stochastischen Prozess, der die Anzahl von Maschinenausfällen beschreibt. Totaler Zufall bedeutet, dass die Anzahl der Ausfälle an Tag 2 unabhängig von der Anzahl der Ausfälle an Tag 1 ist. Führt nun der Ausfall einer oder mehrerer Maschinen dazu, dass die verbleibenden mit einer höheren Beanspruch oder gar im Überlastmodus betrieben werden, so ist die Unabhängigkeitsforderung vermutlich nicht zu erfüllen.

Der totale Zufall führt dazu, dass kein Lerneffekt modelliert wird: Aus Schaden werden gewissermaßen keine Konsequenzen gezogen.

In Abschn. 3.3.2 wurde auf die Dualität der Poisson- und Exponentialverteilung verwiesen. Diese Dualität bedeutet hier, dass die Zwischeneintrittszeiten des homogenen Poisson-Prozesses exponentiell verteilt sind, d. h.:

$$P(D_i \leq t) = 1 - e^{\mu t}.$$

Der totale Zufall des Poisson-Prozesses entspricht der so genannten Gedächtnislosigkeit der Exponentialverteilung:

Wir betrachten die bedingte Wahrscheinlichkeit, dass die Zwischeneintrittszeit noch mindestens $t+x$ Zeiteinheiten beträgt, wenn schon mindestens x Zeiteinheiten vergangen sind. Diese ist definitionsgemäß durch

$$P(D_i \geq t + x | D_i \geq x) = \frac{P(D_i \geq t + x \text{ UND } D_i \geq x)}{P(D_i \geq x)}$$

gegeben, siehe Abschn. 3.1.5.

Ganz offensichtlich gilt nun: $P(D_i \geq t + x \text{ UND } D_i \geq x) = P(D_i \geq t + x)$.

Mit $P(D_i \geq t + x) = e^{-\mu(t+x)}$ bzw. $P(D_i \geq x) = e^{-\mu x}$ kann die bedingte Wahrscheinlichkeit nun berechnet werden:

$$P(D_i \geq t + x | D_i \geq x) = \frac{e^{-\mu(t+x)}}{e^{-\mu x}} = e^{-\mu t} = P(D_i \geq t).$$

Damit hängt diese Wahrscheinlichkeit nicht von x ab. Die Wahrscheinlichkeit noch mindestens t Zeiteinheiten bis zum nächsten Ereignis zu warten, hängt somit nicht davon ab, wie lange schon gewartet wurde. Dies erklärt die Eigenschaft der Gedächtnislosigkeit. Wird beispielsweise die Wartezeit zwischen zwei Maschinenausfällen betrachtet, so widerspricht die Gedächtnislosigkeit offensichtlich Verschleißeffekten, die mit zunehmender Betriebsdauer i. d. R. häufiger auftreten.

Die Homogenität spielt auch bei der Simulation von Poisson-Prozessen eine wichtige Rolle.

Wir betrachten nun ein – hinreichend – kleines Intervall der Länge, d. h. ein kleines h verglichen mit einer Zeiteinheit. Es folgt dann unmittelbar

$$P(N(h) = 1) = \frac{(\mu h)^1}{1!} e^{-\mu h} = \mu h \cdot e^{-\mu h}.$$

Aufgrund der obigen Voraussetzung gilt: $e^{-\mu h} \approx 1$. Damit gilt für die Wahrscheinlichkeit, dass genau ein Schaden eintritt:

$$P(N(h) = 1) \approx \mu h.$$

Inhomogene Poisson-Prozesse sind stellen nun eine natürliche Verallgemeinerung dar. Im Fall eines inhomogenen Poisson-Prozesses hängt die Verteilung der Zuwächse vom jeweiligen Zeitpunkt ab, etwa in der Form $N(t+u) - N(t) \sim \text{Poisson}(\boldsymbol{\mu}(\boldsymbol{t}) \cdot u)$ mit einer von t abhängigen Intensität $\mu(t)$. Die konkrete Form der Intensitätsfunktion $\mu(t)$ hängt von der jeweiligen Anwendung ab.

In der Fachliteratur zu Punkt- und Poisson-Prozessen werden zahlreiche inhomogene Poisson-Prozesse und weitere Verallgemeinerungen vorgestellt. An dieser Stelle soll auf eine Darstellung verzichtet werden. Ein umfassender Überblick ist in [1] zu finden.

Nun sollen einige typische Anwendungsbeispiele betrachtet werden.

Beispiel: Betrachtung mehrere Risiken über mehrere Zeitperioden

Ein Produktionsbetrieb setzt M Maschinen eines bestimmten Typs ein. Aufgrund von Voruntersuchungen ist bekannt, dass im Mittel alle q Monate eine solche Maschine ausfällt.

Nun sollen die erwartete Anzahl der Ausfälle im Jahr und das tägliche Ausfallrisiko einer Maschine bestimmt werden. Außerdem ist die Wahrscheinlichkeit zu berechnen, dass es nach einem Ausfall innerhalb von d Tagen zu einem erneuten Ausfall kommt.

Die Wartezeit D zwischen zwei Ausfällen ist exponentiell verteilt, $D \sim \text{Exp}(\mu)$ mit $E(D) = q$. Wegen

$$E(D) = \frac{1}{\mu} \text{ ergibt sich } \mu = \frac{1}{q}.$$

Die Anzahl der Ausfälle in t Monaten ($N(t)$) ist nun Poisson-verteilt bzw. bildet einen homogenen Poisson-Prozess: $N(t) \sim \text{Poisson}(\mu t)$.

Für $t = 12$ folgt dann für die mittlere Anzahl der Ausfälle pro Jahr: $E(N(12)) = 12\mu$.

Als Zeiteinheit wird 1 Monat betrachtet. Das Zeitintervall „1 Tag" ist klein verglichen mit der Dauer einer Monats. Geht man der Einfachheit halber von 30 Betriebstagen im Monat aus, so kann dieses Zeitintervall als $h = \frac{1}{30}$ dargestellt werden.

Die Wahrscheinlichkeit für einen Ausfall pro Tag ist dann näherungsweise gleich $\mu h = \frac{\mu}{30}$.

Für die exponentiell verteilte Wartezeit zwischen zwei Ausfällen gilt: $P(D \leq x) = 1 - e^{-\mu x}$. Bei d Tagen bzw. $\frac{d}{30}$ Monaten ergibt sich dann

$$P\left(D \leq \frac{d}{30}\right) = 1 - e^{-\mu \frac{d}{30}}.$$

Beispiel: Betrachtung eines Risikos über mehrere Zeitperioden

Es soll das Risiko betrachtet, dass ein bestimmtes Produkt vor der Auslieferung nachbearbeitet werden muss.

Aus Erfahrung soll die im Jahr erwartete Anzahl von Nachbearbeitungen mit $E(N) = 200$ angenommen werden können. Die Wahrscheinlichkeit für eine Nachbearbeitung pro Tag soll bestimmt werden, wenn von 365 Produktionstagen im Jahr ausgegangen werden kann.

Geht man vor der Poisson-Verteilung mit dem Parameter $\mu u = 200$ aus, so ergibt sich die Wahrscheinlichkeit, dass genau 1 Nachbearbeitung innerhalb eines Tages anfällt, zu:

$$P\left(N\left(\frac{1}{365}\right) = 1\right) = \frac{(200 \cdot 1/365)^1}{1!} \cdot e^{-200 \cdot \frac{1}{365}} = 0{,}55 \cdot e^{-0{,}55} = 0{,}32.$$

► **Wichtig** Mit einem Schadensanzahlprozess wird der zeitliche Verlauf von auftretenden Schäden beschrieben.
Ein homogener Poisson-Prozess ist in vielen Anwendungsfällen ein geeignetes Modell für einen Schadensanzahlprozess.

3.4 Risikomaße und Risikokennzahlen

Grundsätzlich unterscheidet man zwei Gruppen von Risikokennzahlen. Die so genannten stochastischen Risikozahlen beziehen sich auf die konkrete Verteilung von Risiken. Stochastische Risikokennzahlen werden auch als Risikomaße bezeichnet.

Analytische Risikozahlen erfassen den Grad der Abhängigkeit von wertbeeinflussenden Parametern, die oft in funktionaler Form vorliegt. Mit analytischen Risikozahlen wird somit die Sensitivität funktionaler Abhängigkeiten quantifiziert.

Wir beschränken uns hier auf ein so genanntes Einperiodenmodell: Von Interesse ist dann die – wie auch immer gestaltete – Risikobewertung und -quantifizierung am Ende einer vorgegebenen Zeitperiode.

► **Wichtig** Risikomaße sind stochastische Risikokennzahlen, die sich auf die Verteilung von Risiken beziehen.

3.4.1 Vergleich von Risiken

Um etwas zu vergleichen, braucht man ganz offensichtlich eine geeignete Werteskala. Im Folgenden wird eine Zufallsvariable V betrachtet, die einen Schaden bzw. Verlust innerhalb einer vorgegebenen Zeitperiode beschreiben soll. Ein finanzieller Gewinn wird dabei durch einen negativen Wert von V beschrieben. Der Verlust oder eine Schadenshöhe wird dann natürlich durch einen positiven Wert von V erfasst.

Diese zugebenermaßen gewöhnungsbedürftige Beschreibung ist bilanztechnischen Überlegungen geschuldet: Positive Werte von V können bei Bilanzsimulationen als erforderliches Sicherheitskapital interpretiert werden. Aus mathematisch-statistischer Sicht ist es völlig irrelevant, ob V oder $-V$ betrachtet wird.

In den vorhergehenden Abschnitten wurden Risiken – seien es nun Einzelschäden oder Schadensanzahlen – als Zufallsvariablen interpretiert, die mit geeigneten Verteilungsmodellen charakterisiert werden. Daher kann man zwei verschiedene Risiken eigentlich nur bei kompletter Kenntnis Ihrer Wahrscheinlichkeitsverteilungen miteinander vergleichen, was natürlich einerseits umständlich und andererseits kaum praktikabel ist. In der Praxis orientiert man sich eher an wenigen Kennzahlen oder Verteilungsparametern, die die Verteilung möglichst umfassend charakterisieren sollten. Im Idealfall kann auf Grundlage einer eindimensionalen Kennzahl eine Wertskala definiert werden, nach der verschiedene Risikoverteilungen verglichen werden können.

Diese Kennzahl lässt sich dann gegebenenfalls als erforderliches Sicherheits- oder Risikokapital interpretieren. Ein Unternehmen wird dieses Kapital angesichts des bestimmten Risikos V benötigen, um bei Eintritt des Risikoereignisses liquide zu bleiben.

Mit Kennzahlen lassen sich verschiedene Aufgabenstellungen lösen bzw. Fragen beantworten:

- Identifikation von Bereichen, wo mit besonders hohen oder geringen Risiken zu rechnen ist.
- Untersuchungen der Profitabilität in Relation zu den Risiken.
- Bestimmung des Produktionsumfangs oder generell des Umfangs der Geschäftstätigkeit unter Berücksichtigung der übernommenen Risiken.

Neben den unten diskutierten Anforderungen an Risikomaße ist zunächst eine Ordnungsrelation erforderlich: Die Notation $V_1 < V_2$ bedeutet, dass der Wert der ersten Zufallsvariable immer kleiner als der Wert der zweiten ist, d. h. dass die Wahrscheinlichkeit für das Ereignis $V_1 \geq V_2$ Null beträgt.

Man spricht von einer Komonotonie von Risiken, wenn es eine Zufallsvariable Z und eine monoton wachsende Funktionen f_1 und f_2 gibt, so dass

$$V_1 = f_1(Z), V_2 = f_2(Z)$$

gilt.

Z stellt hier einen gemeinsamen Risikofaktor, von welchem beide Risiken $V_1 \geq V_2$ abhängen. Beide Risiken fallen oder steigen immer gleichzeitig. Man kann dies als die „extremste" Form von Abhängigkeit ansehen, weil negative und positive Entwicklungen niemals ausgeglichen werden können.

► **Wichtig** Risiken lassen sich in der Regel nur auf der Grundlage von Risikokennzahlen vergleichen.

3.4.2 Mögliche Anforderungen an Risikomaße

Im Folgenden sollen stochastische Risikokennzahlen, also Risikomaße betrachtet werden.

► **Definition** Mathematisch gesehen stellt ein Risikomaß ρ eine Abbildung dar, die jedem Risiko V mit zugehöriger Verteilungsfunktion eine reelle Zahl zuordnet:

$$\rho\colon V \to \mathbb{R}.$$

Obige Definition ist für die praktische Anwendung zu allgemein gefasst. Ein aussagekräftiges Risikomaß sollte weitere Eigenschaften aufweisen, die im Folgenden erläutert werden.

1) Monotonie
Ein Risikomaß ρ ist monoton, wenn gilt: $V_1 \leq V_2 \Rightarrow \rho(V_1) \leq \rho(V_2)$. Ist Risiko V_1 geringer als V_2, so weist auch das Risikomaß einen geringeren Wert auf.

2) Homogenität
Ein Risikomaß ρ ist (positiv) homogen, wenn für jedes Risiko gilt: $\rho(a \cdot V) = a \cdot \rho(V), a > 0$. Wenn ein Risiko um a-fache „riskanter" als ein anderes Risiko ist, so führt es auch zum a-fachen Wert der Kennzahl. Diese Eigenschaft ist in der Praxis nicht unbedingt selbstverständlich, da bei Risikobewertungen mit Risikomaßen gegebenenfalls auch die Berücksichtigung subjektiver Einschätzungen sinnvoll sein könnte.

3) Translationsinvarianz
Ein Risikomaß ρ heißt translationsinvariant, wenn für jedes Risiko gilt $\rho(V+c) = \rho(V) + c, c \in \mathbb{R}$.

Erhöht bzw. verkleinert sich das Risiko um einen konstanten Faktor, so erhöht bzw. verringert sich auch die entsprechende Kennzahl.

4) Subadditivität
Ein Risikomaß ρ heißt subadditiv, wenn für zwei Risiken $\rho(V_1 + V_2) \leq \rho(V_1) + \rho(V_2)$ gilt.

Auch diese Eigenschaft ist nicht für alle Risikoarten selbstverständlich, aber im Sinne einer Risikodiversifikation durchaus wünschenswert: Eine Zusammenfassung zweier Risiken darf nicht zu einem zusätzlichen Risiko führen, sondern sollte das Gesamtrisiko eher verringern. Die sehr verbreitete Value-at-Risk-Kennzahl (siehe unten Abschn. 3.4.5) erfüllt diese Eigenschaft nur für bestimmte Verteilungsmodelle.

Die Eigenschaft der Subadditivität ist beispielsweise auch sinnvoll, um das Wachstum oder die Erweiterung des Produktportfolios eines Unternehmens zu befördern. Die gemeinsame Bewertung zweier Risiken führt maximal zur Summe der beiden Einzelrisiken; es entsteht kein zusätzliches Risiko.

5) Komonotone Additivität
Ein Risikomaß ρ heißt komonoton additiv, wenn für zwei komonotone Risiken immer $\rho(V_1 + V_2) = \rho(V_1) + \rho(V_2)$ gilt. Das heißt, dass für zwei Risiken, die sich vollständig gleichläufig verhalten, das Risikomaß exakt der Summe der Risikomaßen der Einzelrisiken entspricht.

6) Positivität
Ein Risikomaß ρ heißt positiv, wenn gilt $V > 0 \Rightarrow \rho(V) > 0$. Die Risikokennzahl führt zu keiner gegensätzlichen Risikobewertung.

7) Superadditivität
Oben wurde die – oftmals wünschenswerte – Eigenschaft der Subadditivität beschrieben. Dennoch kann auch die entgegengesetzte Eigenschaft der Superadditivität auftreten, was dann natürlich durch das Risikomaß abgebildet werden muss:

Ein Risikomaß ρ heißt superadditiv, wenn für zwei Risiken $\rho(V_1+V_2) \geq \rho(V_1)+\rho(V_2)$ gilt.

Durch die gemeinsame Bewertung zweier Risiken wird keine geringere Bewertung erreicht; es ist eher mit einem zusätzlichen Risiko zu rechnen.

3.4.3 Kennzahlen für das mittlere Risiko

Der mittlere Schaden ist vermutlich die einfachste Risikokennzahl für ein Risiko im Sinne eines Einzelschadens.

► **Definition** Ein Risiko wird mit der Zufallsvariable V beschrieben. Risikomaße für das mittlere Risiko sind dann durch den Erwartungswert $E(V)$, den Median $M(V)$ und den Modus – oder Modalwert – $\text{mod}(V)$ gegeben.

Die Bestimmung des Erwartungswerts wurde in den vorhergehenden Abschnitten beschrieben, siehe etwa Abschn. 3.3.1.

Der Median $M(V)$ ist ein spezielles Quantil, nämlich das 0,5-Quantil (oder auch 50 %-Quantil). Das α-Quantil einer Verteilung soll mit ξ_α bezeichnet werden, also $M(V) = \xi_{0,5}$.

Bei einer stetig verteilten Zufallsvariable mit Verteilungsfunktion $F(x)$ ist ξ_α durch

$$F(\xi_\alpha) = \alpha \tag{3.43}$$

definiert.

Im Falle einer diskret verteilten Zufallsgröße V ist jeder Wert ξ_α mit

$$F(\xi_\alpha) \geq \alpha \text{ und } P(V \geq \xi_\alpha) \geq 1 - \alpha \tag{3.44}$$

α-Quantil von V.

Das α-Quantil ist somit die Schranke, die mit Wahrscheinlichkeit $\alpha \cdot 100\,\%$ bzw. von $\alpha \cdot 100\,\%$ der Fälle nicht überschritten wird. Im Fall einer vorgegebenen Schadensobergrenze erhält man eine obere Schranke, die eingehalten wird.

α-Quantile lassen sich auch im Rahmen einer Worst-Case-Analyse verwenden: Das 99 %-Quantil ist beispielsweise die obere Grenze für die Schadenshöhe die in 99 % der Fälle eingehalten wird, aber eben auch in 1 % der Fälle überschritten wird.

Der Modus einer Verteilung – hier $\text{mod}(V)$ – entspricht dem häufigsten Wert einer diskreten Verteilung. Bei einer stetigen Verteilung erhält man den Modus als Maximumstelle der Dichte. Dieser Parameter ist nicht eindeutig: Eine Verteilung kann mehrere Modi haben.

Man verwendet den Erwartungswert oftmals zum Vergleich relativ häufiger, mehr oder weniger zeitparalleler Risikoereignisse. Der Median wird dagegen oft zur Erfassung für seltene bzw. nicht zeitparallel auftretende Ereignisse verwendet.

Bei der Auswahl der Kennzahl sollte beachtet werden, dass Schadenverteilungen meistens rechtsschief sind. Für solche Verteilungen gilt stets $M(V) < E(V)$, was bei der Interpretation zu beachten ist. Die Rechtsschiefe der Lognormalverteilung ist in Abb. 3.14 ersichtlich.

Im Fall der Lognormalverteilung ($V \sim LN(\mu, \sigma^2)$) lassen sich Quantile und Modalwert analytisch bestimmen:

$$\tilde{x}_\alpha = e^{\mu + z_\alpha \cdot \sigma}, \tag{3.45}$$

wobei z_α das α-Quantil der $N(0, 1)$-Verteilung (Standardnormalverteilung) ist. Die Quantile der Standardnormalverteilung sind tabelliert, siehe [16]. Insbesondere gilt nun für den Median:

$$M(V) = e^\mu.$$

Für den Modalwert erhält man:

$$\text{mod}(V) = e^{\mu - \sigma^2}. \tag{3.46}$$

Tab. 3.5 Gewährleistungskosten für ein bestimmtes Produkt

501	69	316	84	138
49	73	40	258	158
106	178	238	277	580
25	358	274	203	147
95	157	214	116	181

Beispiel

Tab. 3.5 enthält die Gewährleistungskosten V, die ein Unternehmen in 25 Fällen aufbringen musste.

Auf der Grundlage eines Verteilungsmodells sollen die Kenngrößen für das mittlere Risiko bestimmt werden. Das Unternehmen interessiert sich zudem dafür, mit welchen Kosten es bei den 2 % größten Schäden mindestens rechnen muss.

Abb. 3.22 zeigt zunächst, dass von einer rechtsschiefer Verteilung ausgegangen werden kann.

Zur Anpassung der Verteilungsparameter der Lognormalverteilung mit der Maximum-Likelihood-Methode ist ein Software-Tool notwendig. Abb. 3.23 zeigt die mit Minitab angepasste Verteilung bzw. das Wahrscheinlichkeitsnetz. Wir erhalten die Maximum-Likelihood-Schätzer

$$\sigma = 0{,}8 \text{ und } \mu = 5.$$

Damit kann $E(V) = e^{\mu+\frac{\sigma^2}{2}} = e^{5{,}32} = 204$.

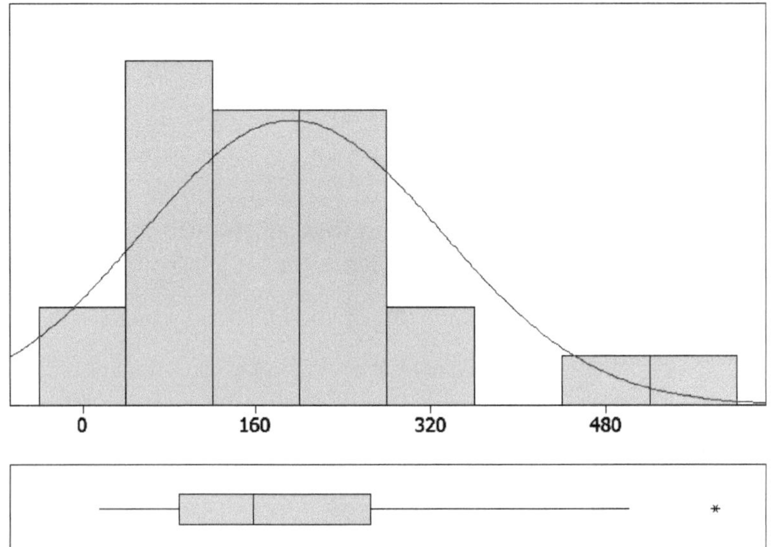

Abb. 3.22 Histogramm und Box-Plot für die Daten aus Tab. 3.5

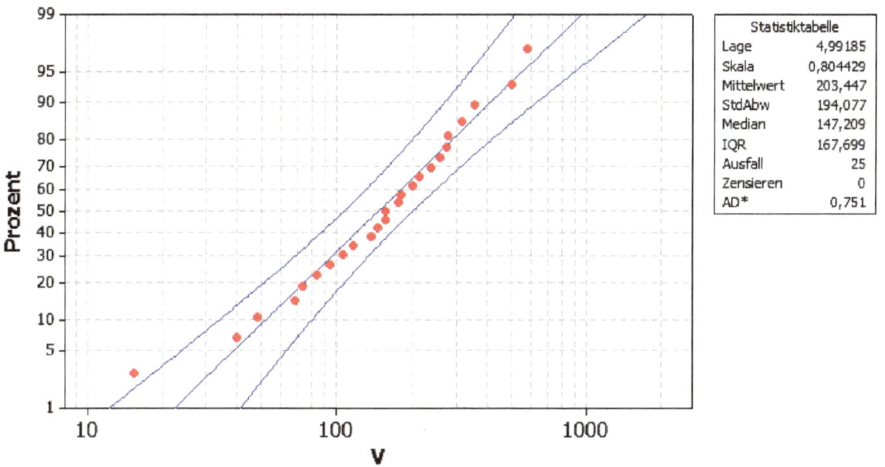

Abb. 3.23 Angepasste Normalverteilung für die Daten aus Tab. 3.5

Mit (3.45) und (3.46) erhalten wir:

$$M(V) = e^5 = 148 \text{ und } \operatorname{mod}(V) = e^{5-0,64} = 78.$$

Das 98 %-Quantil wird mittels

$$\tilde{x}_{0,98} = e^{5+z_{0,98}\cdot 0,8} \text{ berechnet.}$$

Mit $z_{0,98} = 2{,}053749$ folgt $\tilde{x}_{0,98} = 767$, vgl. Abb. 3.24.

Obwohl der größte Stichprobenwert 580 ist, wird mit einer Wahrscheinlichkeit von 2 % die Schranke 767 überschritten.

3.4.4 Streuungsmaße und Schiefemaße

Die in Abschn. 3.4.3 diskutierten Risikomaße beziehen sich nur auf das mittlere Risiko. An Hand des Beispiels zu Tab. 3.5 wird deutlich, dass neben Parametern für die mittlere Lage des Risikos die Streuung berücksichtigt werden muss. Insbesondere auch, um Überschreitungen von Obergrenzen modellieren zu können.

Die bekanntesten Streuungsmaße sind natürlich Varianz und Standardabweichung.

Definition Ein Risiko wird mit der Zufallsvariable V beschrieben. Risikomaße für die Streuung des Risikos sind die Varianz $\operatorname{Var}(V)$ und die Standardabweichung $\operatorname{SD}(V)$

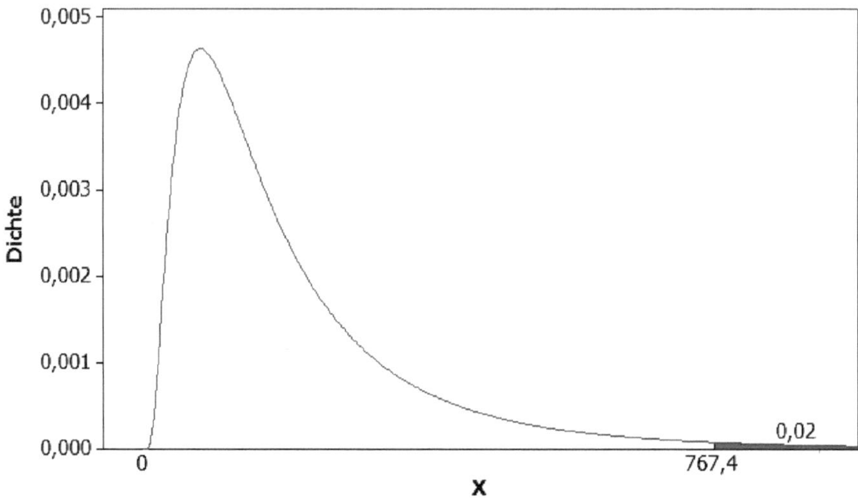

Abb. 3.24 Dichte der angepassten Lognormalverteilung mit 0,98-Quantil

mit

$$\mathrm{Var}(V) = E(V - E(V))^2, \mathrm{SD}(V) = \sqrt{\mathrm{Var}(V)}. \tag{3.47}$$

Die Betrachtung der Standardabweichung bietet den Vorteilung, die Streuung mit der gleichen Einheit wie die Zufallsvariable V zu messen. Allerdings sind Varianz und Standardabweichung skalenabhängig. Ein Vergleich von Risiken bzw. Streuungen ist somit nur möglich, wenn die relevanten Zufallsvariablen mittels identischer Skalen (Einheiten) gemessen werden.

Der so genannte Variationskoeffizient stellt ein skalenunabhängiges Streuungsmaß dar.

Definition Für die Zufallsvariable V ist der Variationskoeffizient durch

$$\mathrm{CV}(V) = \frac{\mathrm{SD}(V)}{E(V)} \tag{3.48}$$

gegeben. Der Variationskoeffizient wird häufig auch in Prozent angegeben:

$$\mathrm{CV}_{\mathrm{proz}}(V) = \mathrm{CV}(V) \cdot 100\,\%.$$

Die mittlere Abweichung vom Median oder vom Modalwert liefert weitere Risikokennzahlen. Größere Bedeutung hat die erwartete absolute Abweichung vom Median, d. h. $E(|V - M(V)|)$.

Schiefemaße sind ebenfalls gebräuchliche Streuungsmaße bzw. hängen von der Streuung ab. Gängige Schiefemaße werden in der folgenden Definition der Vollständigkeit halber eingeführt.

Definition Bei einer beliebigen Verteilung können die folgenden Ausdrücke als Schiefemaße angesehen werden:

a) Schiefemaß nach Pearson: $\frac{E(V)-\text{mod}(V)}{\text{SD}(V)}$;
b) Schiefemaß nach Yule-Pearson: $\frac{3\cdot(E(V)-M(V))}{\text{SD}(V)}$;
c) Schiefemaß gemäß drittem Moment: $\frac{E(V-E(V))^3}{\text{SD}^3(V)}$.

Bei vielen Risikoanalysen interessiert man sich – wie oben bereits beschrieben – für den Verlauf der Zufallsgröße V innerhalb von gewissen Grenzen bzw. das Überschreiten von Grenzen. Im Falle einer normalverteilten Zufallsvariable V befindet sich 68,27 % der Fläche unter der Dichte im Bereich $[E(V) - \text{SD}(V); E(V) + \text{SD}(V)]$. Mit der entsprechenden Wahrscheinlichkeit befindet sich V somit in diesem Bereich. Links bzw. rechts von diesem Intervall liegen jeweils 15,865 % der Dichte.

Betrachtet man Schadenshöhen ist eher das Überschreiten einer vorgegebenen Obergrenze von Interesse. Bei Renditebetrachtungen steht eher das Unterschreiten einer gewählten Grenze im Fokus.

Im Qualitätsmanagement bzw. der Qualitätssicherung werden oft obere und untere Grenzen im Sinne einer Toleranz betrachtet. Unterschreitungen bzw. Überschreitungen werden häufig mit der so genannten Six Sigma-Methode behandelt, siehe Kap. 4.

Beispiel

Wir betrachten wieder die Werte aus Tab. 3.5 und das Beispiel aus Abschn. 3.4.3.

Nun sollen Streuungsmaße als Risikokennzahlen ermittelt werden.

Mit den Verteilungsparametern $\sigma = 0{,}8$ und $\mu = 5$ können Varianz und Standardabweichung bestimmt werden:

$$\text{Var}(V) = e^{2\mu+\sigma^2} \cdot \left(e^{\sigma^2} - 1\right) = 37.448{,}5 \text{ und } \text{SD}(V) = 193{,}5.$$

Für den Variationskoeffizienten erhalten wir

$$\text{CV}(V) = \frac{\text{SD}(V)}{E(V)} = \frac{193{,}5}{204} = 0{,}9485 \text{ bzw. } \text{CV}_{\text{proz}}(V) = 94{,}85\,\%.$$

3.4.5 Value-at-Risk und weitere Shortfall-Maße

Im Zusammenhang mit der Modellierung finanzwirtschaftlicher Risiken spielen so genannte Shortfall-Maße eine wichtige Rolle. Die oben eingeführten bzw. diskutierten Kennzahlen weisen Nachteile auf: Maße für das mittlere Risiko sind allein wenig aussagekräftig bzw. es müssen für eine sinnvolle Interpretation zusätzliche Streuungsmaße oder Quantile betrachtet werden. Streuungsmaße beschreiben die Variabilität bezogen auf den gesamten Wertebereich der zugehörigen Zufallsvariable. In der Risikomodellierung sind aber meist nur Abweichungen in eine bestimmte Richtung von Interesse. Diese Betrachtung soll mittels Shortfall-Maße gewährleistet werden. Das Wort Shortfall steht für Verlust oder Defizit. Ein solches Defizit kann offensichtlich entstehen, wenn eine Schadenshöhe eine vorgegebene Schranke überschreitet.

Um weiter von dieser Interpretation ausgehen zu können, betrachten wir wieder – wie in den vorhergehenden beiden Abschnitten – eine Zufallsgröße V, bei der negative Werte für Gewinne und positive Werte für Verluste stehen. Zu den wichtigsten Shortfall-Maßen gehören nun die Shortfall-Wahrscheinlichkeit und der Value-at-Risk, die im Folgenden definiert werden.

▶ **Definition** Ein Risiko wird mit der Zufallsvariable V beschrieben. Die Shortfall-Wahrscheinlichkeit von V bezüglich des Schwellenwertes x wird wie folgt definiert:

$$\mathrm{SW}_x(V) = P(V > x) = 1 - F_V(x), \tag{3.49}$$

wobei $F_V(x)$ die Verteilungsfunktion von V ist.

In der Literatur wird die Shortfall-Wahrscheinlichkeit manchmal auch durch $\mathrm{SW}_x(V) = P(V \geq x)$ definiert. Im Falle einer stetigen Verteilung von V entspricht dies natürlich der obigen Definition. Allerdings unterscheiden sich beide Definitionen bei einer diskreten Verteilung.

Die Shortfall-Wahrscheinlichkeit entspricht offensichtlich dem Tail der Verteilungsfunktion an der Stelle x, siehe (3.25). Im Unterschied zu Abschn. 3.2.3 liegt jetzt der Fokus nicht auf der Schätzung von Tails. Vielmehr soll auf Grundlage einer vorgegebenen oder akzeptierten Shortfall-Wahrscheinlichkeit ein Risikomaß definiert werden.

▶ **Definition** $\varepsilon = \mathrm{SW}_x(V) = P(V > x)$ sei eine vorgegebene Shortfall-Wahrscheinlichkeit. Für ein Sicherheits- oder Konfidenzniveau

$$\alpha = 1 - \varepsilon$$

ist der Value-at-Risk durch

$$\mathrm{VaR}(V, \alpha) = \xi_\alpha \tag{3.50}$$

gegeben.

ξ_α ist dabei das α-Quantil der Verteilungsfunktion $F_V(x)$.

In der klassischen Statistik liegt das Konfidenzniveau zwischen 90 % und 99 %. Im Risikomanagement sind auch noch höhere Niveaus sinnvoll: $0{,}9 \leq \alpha \leq 0{,}995$.

Wenn das Risiko explizit für eine konkrete Zeitperiode T betrachtet wird und sich möglicherweise eine zeitliche Abhängigkeit ergibt, wird der Value-at-Risk häufig mit dem zusätzlichen Parameter T angegeben: $\mathrm{VaR}(V, \alpha, T)$.

Auf Grund der obigen Definition ist ersichtlich, dass Shortfall-Wahrscheinlichkeit und Value-at-Risk nur zusammen betrachtet werden können. Es gilt:

$$P(V > \mathrm{VaR}(V,\alpha)) = 1 - F_V(\mathrm{VaR}(V,\alpha)) = 1 - \alpha = \varepsilon,$$

womit der Value-at-Risk dem Schwellenwert der Shortfall-Wahrscheinlichkeit entspricht.

> **Wichtig** Bei praktischen Anwendungen wird der Value-at-Risk häufig als vorzuhaltende Risikoreserve interpretiert, da der Wert für einen Höchstschaden steht, der nur mit einer gewissen – relativ niedrigen – Wahrscheinlichkeit überschritten wird.

Der Value-at-Risk wird häufig zur Beschreibung finanzieller Verluste verwendet. In Abschn. 3.4.2 wurden Anforderungen an Risikomaße vorgestellt. Eine nachteilige Eigenschaft des Value-at-Risk als Risikomaß besteht darin, dass die Subadditivität nicht gegeben sein muss.

Auf der Grundlage des Value-at-Risk lassen sich nun weitere Risikomaße definieren.

Definition Der so genannte Tail Value-at-Risk und wird auf der Basis eines vorgegebenen Schwellenwertes des Value-at-Risk x wie folgt definiert:

$$\mathrm{TVaR}(V,\alpha) = \frac{1}{1-\alpha} \cdot \int\limits_{\alpha}^{1} \mathrm{VaR}(V,s)\, ds. \tag{3.51}$$

Mit dem oben definierten Tail Value-at-Risk wird durch die Integration ein Mittelwert aller $\mathrm{VaR}(V, s)$ für $s \geq \alpha$ gebildet. Damit wird im Unterschied zum Value-at-Risk auch die Höhe extremer Verluste berücksichtigt. Dieser Wert wird auch als Conditional Value-at-Risk oder Expected Shortfall bezeichnet. Diese beiden Bezeichnungen beziehen sich darauf, dass bei einer stetigen Verteilungsfunktion der Tail Value-at-Risk dem bedingten Erwartungswert $E(V|V > \mathrm{VaR}_\alpha)$ entspricht, welcher als Conditional Tail Expectation $\mathrm{CTE}(V, \alpha)$ bezeichnet wird. Mit $\mathrm{CTE}_x(V)$ wird der erwartete Verlust oberhalb eines beliebigen Schwellenwerts x bezeichnet: $\mathrm{CTE}_x(V) = E(V|V > x)$.

Mit der Betrachtung des bedingten Erwartungswertes kann der Tail Value-at-Risk auch in der Form

$$\mathrm{TVaR}(V,\alpha) = \frac{1}{1-\alpha} \cdot \int\limits_{\mathrm{VaR}(V,\alpha)}^{\infty} s \cdot f_V(s)\, ds$$

dargestellt werden, wobei $f_v(s)$ die Dichte der Verteilung F_V ist.

> **Wichtig** Der Value-at-Risk wird – wie oben schon erwähnt – zur Einschätzung eines Höchstschadens verwendet. Mit dem Tail Value-at-Risk lassen sich oftmals die Folgekosten eines solchen Höchstschadens abschätzen.

Der so genannte Mean Excess Loss liefert ein weiteres Risikomaß, das den erwarteten Verlust beschreibt, der zusätzlich zum Verlust V bei Überschreitung des Schwellenwertes x eintritt:

$$\mathrm{MEL}_x(V) = E(V - x|V > x) \Rightarrow \mathrm{MEL}_x = \mathrm{CTE}_x(V) - x.$$

Der Shortfall-Erwartungswert ist der erwartete Zusatzverlust, der bei Überschreitung von x entritt. Dabei wird nicht vorausgesetzt, dass diese Überschreitung überhaupt stattfindet:

$$\mathrm{SE}_x(V) = \mathrm{MEL}_x(V) \cdot \mathrm{SW}_x(V) = E(V - x|V > x) \cdot P(V > x).$$

Im Falle einer diskreten Verteilung erhalten wir:

$$\mathrm{SE}_x(V) = \sum_{v_i}(v_i - x) \cdot p_i$$

bei Verlusten $v_i, i = 1, \ldots$

Für eine stetige Verteilung mit der Dichtefunktion $f_v(v)$ wird die Summe durch das folgende Integral ersetzt:

$$\mathrm{SE}_x(V) = \int_x^\infty (v - x) \cdot f(v)\, dv.$$

Value-at-Risk und Tail Value-at-Risk lassen sich für einige Verteilungsfunktionen analytisch berechnen.

Wir betrachten zunächst eine normalverteilte Schadenshöhe $V \sim N(\mu, \sigma^2)$.

Offensichtlich gilt für den Value-at-Risk:

$$P(V \leq \mathrm{VaR}(V,\alpha)) = P\left(\frac{V-\mu}{\sigma} \leq \frac{\mathrm{VaR}(V,\alpha)-\mu}{\sigma}\right) = \Phi\left(\frac{\mathrm{VaR}(V,\alpha)-\mu}{\sigma}\right) = \alpha,$$

wobei $\phi(x)$ die Verteilungsfunktion der Standardnormalverteilung, also $N(0, 1)$ bezeichnet.

Damit ist

$$\left(\frac{\mathrm{VaR}(V,\alpha)-\mu}{\sigma}\right) = z_\alpha \text{ bzw.}$$
$$\mathrm{VaR}(V,\alpha) = \sigma z_\alpha + \mu. \tag{3.52}$$

z_α ist wiederum das α-Quantil der Standardnormalverteilung.

Für den Tail Value-at-Risk erhalten wir:

$$T\mathrm{VaR}(V,\alpha) = \frac{1}{1-\alpha} \cdot \int_{\alpha}^{1} \sigma z_s + \mu \, ds = \mu + \frac{\sigma}{1-\alpha} \int_{\alpha}^{1} z_s \, ds.$$

Mit $\int_{\alpha}^{1} z_s \, ds = \varphi\left(\frac{\mathrm{Var}(V,\alpha)-\mu}{\sigma}\right)$ folgt:

$$T\mathrm{VaR}(V,\alpha) = \mu + \frac{\sigma}{1-\alpha} \varphi\left(\frac{\mathrm{Var}(V,\alpha)-\mu}{\sigma}\right). \tag{3.53}$$

$\varphi(x)$ ist dabei die Dichte der Standardnormalverteilung, d. h.

$$\varphi(x) = \frac{1}{\sqrt{2\pi}} \cdot e^{-\frac{x^2}{2}}.$$

Auf der Grundlage der Resultate für die Normalverteilung können die entsprechenden Größen für die logarithmische Normalverteilung hergeleitet werden.

Für $V \sim LN(\mu, \sigma^2)$ gilt $\log(V) \sim N(\mu, \sigma^2)$, siehe Abschn. 3.3.1.

Da $P(V \leq \mathrm{Var}(V,\alpha)) = P(\log(V) \leq \log(\mathrm{Var}(V,\alpha)))$ kann der Value-at-Risk analog zur Normalverteilung bestimmt werden:

$$\mathrm{Var}(V,\alpha) = e^{\sigma z_\alpha + \mu}. \tag{3.54}$$

Der Value-at-Risk entspricht natürlich dem Quantil aus (3.9).

Die Herleitung des Tail Value-at-Risk beruht auf analogen Überlegungen wie oben. Auf eine detaillierte Darstellung soll an dieser Stelle verzichtet werden. Es gilt:

$$\mathrm{TVaR}(V,\alpha) = \frac{E(V)}{1-\alpha}\left(1 - \Phi\left(\frac{\log(\mathrm{Var}(V,\alpha)) - \mu - \sigma^2}{\sigma}\right)\right). \tag{3.55}$$

Als weitere Schadensverteilung soll nun die Exponentialverteilung betrachtet werden: $V \sim \mathrm{Exp}(\lambda)$.

Aus $P(V \leq \mathrm{VaR}(V,\alpha)) = 1 - e^{-\mathrm{VaR}(V,\alpha)\cdot\lambda} = \alpha$ folgt unmittelbar:

$$\mathrm{Var}(V,\alpha) = -\frac{\log(1-\alpha)}{\lambda}. \tag{3.56}$$

Die Dichte der Exponentialverteilung ist durch $f_V(x) = \lambda e^{-\lambda x}$ gegeben. Der Tail Value-at-Risk berechnet sich hier am besten als bedingter Erwartungswert, d. h.

$$\mathrm{TVaR}(V,\alpha) = \frac{1}{1-\alpha} \cdot \int_{\mathrm{VaR}(V,\alpha)}^{\infty} s \cdot f_V(s) \, ds = \int_{\mathrm{VaR}(V,\alpha)}^{\infty} s \cdot \lambda e^{-\lambda s} \, ds.$$

Wir setzen $\mathrm{VaR}(V,\alpha) = \beta$ und erhalten dann

$$\mathrm{TVaR}(V,\alpha) = \frac{(1+\beta\lambda)e^{-\beta\lambda}}{\lambda(1-\alpha)} = \frac{1-\log(1-\alpha)}{\lambda}. \tag{3.57}$$

Es gibt nun natürlich auch Schadensverteilungen, für die Value-at-Risk und Tail Value-at-Risk nicht analytisch bestimmbar sind. Einen Ausweg bietet dann die so genannte Monte-Carlo-Integration auf der Grundlage von simulierten Zufallszahlen, siehe Abschn. 3.5.

Beispiel

Wir betrachten wieder Tab. 3.5. Für ein Konfidenzniveau von 98 % sollen Value-at-Risiko und Tail Value-at-Risk bestimmt werden.

Im Beispiel in Abschn. 3.4.3 wurde bereits auf die Lognormalverteilung mit $\sigma = 0{,}8$ und $\mu = 5$ verwiesen. Der Value-at-Risk entspricht dem bereits berechneten 0,98-Quantil:

$$\mathrm{Var}(V;0{,}98) = e^{5+z_{0{,}98}\cdot 0{,}8} = 767 \text{ mit } z_{0{,}98} = 2{,}053749.$$

$E(V) = 204$ wurde bereits im genannten Beispiel berechnet. Mit (3.55) gilt für den Tail Value-at-Risk:

$$\begin{aligned}\mathrm{TVaR}(V;0{,}98) &= \frac{E(V)}{1-\alpha}\left(1-\Phi\left(\frac{\log(\mathrm{Var}(V,\alpha))-\mu-\sigma^2}{\sigma}\right)\right)\\ &= \frac{204}{0{,}02}\left(1-\Phi\left(\frac{\log(767)-5-0{,}64}{0{,}8}\right)\right)\\ &= 10.200(1-\Phi(1{,}2531)).\end{aligned}$$

Die Standardnormalverteilung kann mittels der Verteilungstabelle ausgewertet werden mit $\Phi(1{,}2531) = 0{,}894$. Hieraus folgt:

$$\mathrm{TVaR}(V;0{,}98) = 1081.$$

3.4.6 Risikomaße zur Ermittlung von Risikoreserven

Wir betrachten nun mehrere Perioden und nehmen an, dass ein Unternehmen zum Zeitpunkt $t = 0$ eine bestimmte Risikoreserve oder ein Sicherheitskapital zur Abdeckung unerwarteter zukünftiger Verluste gebildet hat. Offensichtlich kann diese Reserve folgendermaßen bestimmt werden:

$$R_t = R_{t-1} + E_t - A_t,$$

wobei

R_t die Risikoreserve am Ende der Zeitperiode t,
E_t die relevanten Einnahmen während der Periode t und
A_t die relevanten Ausgaben während der Periode t

bezeichnen.

Wenn E_t und A_t nun als Zufallsvariablen interpretiert werden, so bilden die Zufallsgrößen R_t einen zeit-diskreten stochastischen Prozess, der Risikoreserveprozess genannt wird.

Solche Prozesse weisen im Allgemeinen eine hohe Komplexität auf. Unter vereinfachenden Annahmen kann allerdings eine Abschätzung der notwendigen Risikoreserven bestimmt werden.

Beispiel

Wir betrachten ein Unternehmen, das ein bestimmtes Produkt erzeugt. Analog zu den obigen Beispielen sollen die Gewährleistungskosten für dieses Produkt betrachtet werden. Einnahmen entstehen durch die Deckungsbeiträge des Produktes innerhalb der Zeitperiode t, B_t. Ggf. können noch Zinseinnahmen Z_t angenommen werden. Als Ausgaben während dieser Periode sollen die entstandenen Gewährleistungskosten G_t betrachtet werden. Somit hat der Risikoreserveprozess die Form:

$$R_t = R_{t-1} + B_t + Z_t - G_t.$$

Bei konstanten Einnahmen c pro Periode und Vernachlässigung der Zinseinnahmen gilt:

$$R_t = R_0 + c \cdot t - S_t.$$

Dabei bezeichnen R_0 das Kapital zum Zeitpunkt $t = 0$ und S_t den Gesamtschadensprozess bis zum Zeitpunkt t.

Zur Modellierung eines Risikoreserveprozesses kann die Monte-Carlo-Simulation verwendet werden. Auf der Grundlage einer Verteilungsannahme – basierend auf empirischen Untersuchungen – für R_t kann der Prozess mittels geeigneter Kennzahlen analysiert werden. Eine solche Kennzahl ist etwa die so genannte Ruinwahrscheinlichkeit zum Zeitpunkt t:

$$P(R_t < 0).$$

Diese Wahrscheinlichkeit ist im Allgemeinen nicht einfach zu berechnen, weil sie natürlich vom Startkapital, den Einnahmen und den Eigenschaften von S_t abhängt.

Mit Berücksichtigung eines Schwellenwertes u_0 für den Verlust, bei dessen Überschreitung R_t kleiner als Null wird, kann die Ruinwahrscheinlichkeit auf ein Einperiodenmodell reduziert werden und entspricht dann einer Shortfall-Wahrscheinlichkeit, vgl. (3.49):

$$P(R_t < 0) = P(V > u_0) = \mathrm{SW}_{u_0}(V).$$

Analog zum vorhergehenden Abschnitt kann nun bei Vorgabe einer Überschreitungswahrscheinlichkeit ε mit $P(V > u_0) \leq \varepsilon$ der Schwellenwert u_0 als Value-at-Risk betrachtet werden:

$$u_0 = \mathrm{VaR}(V, 1-\varepsilon, t),$$

wobei $1-\varepsilon$ wiederum das Konfidenzniveau darstellt. Die Zeitperiode t wurde als zusätzlicher Parameter des Value-at-Risk berücksichtigt.

3.5 Monte-Carlo-Methoden

In den vorhergehenden Abschnitten wurden vorwiegend zufallsbehaftete Größen in Form von Zufallsvariablen betrachtet. Genannt seien beispielsweise Lebensdauern, Stillstandszeiten, Schadenshöhen und Anzahlen von Risikoereignissen. Komplexere Modelle etwa im Sinne des Risikoreserveprozesses aus dem vorhergehenden Abschn. 3.4.6 hängen von Einflussgrößen ab, die zufälligen Effekten unterworfen sind.

Der Ansatz der stochastischen Simulation oder Monte-Carlo-Simulation beruht darauf, Einflussfaktoren als zufällige Größen, d. h. Zufallsvariablen, zu beschreiben und entsprechende Realisierungen zu erzeugen. Die Bezeichnung Monte-Carlo-Simulation bezieht sich auf das in Monaco gelegene Spielcasino und die Annahme, dass die dort praktizierten Glücksspiele dem Zufall unterliegen und die Ereignisse dort – hoffentlich – nicht deterministisch beschrieben werden können.

► **Wichtig** Ziel der stochastischen Simulation ist es, Realisierungen der zufälligen Größen zu erzeugen (zu „simulieren") und die Auswirkungen auf das System zu analysieren. Eine solche Vorgehensweise verzichtet auf die analytische Herleitung von Resultaten.

Besonders nützlich ist die Simulation in folgenden Situationen:

- Ein vollständiges mathematisches Optimierungsmodell ist nicht verfügbar bzw. nicht – zumindest nicht mit vertretbaren Kosten – entwickelbar.
- Verfügbare analytische Methoden machen vereinfachende Annahmen erforderlich, die den Kern des eigentlich vorliegenden Problems verfälschen.

- Verfügbare analytische Methoden sind zu kompliziert bzw. mit so erheblichem Aufwand verbunden, dass ihr Einsatz nicht praktikabel erscheint.
- Es ist zu komplex oder zu kostspielig, reale Experimente, beispielsweise mit Prototypen, durchzuführen.
- Die Beobachtung eines realen Systems oder Prozesses ist zu gefährlich (z. B. bei Menschenleben gefährdenden Risikoereignissen), zu zeitaufwendig (z. B. bei langfristigen Prozessen) oder mit irreversiblen Konsequenzen wie der Insolvenz eines Unternehmens verbunden.

3.5.1 Zufallszahlen und Monte Carlo-Simulation

Monte-Carlo-Methoden bzw. Simulationsverfahren beruhen stets auf so genannten Zufallszahlen.

Man kann Zufallszahlen durch Ziehen aus einer Urne oder mittels eines Ziehungsgerätes wie bei der Lotterie gewinnen. Derart erhaltene Zahlen bezeichnet man dann als *echte* Zufallszahlen.

Für die Simulation ist diese Vorgehensweise aus praktischen Gründen nicht geeignet. Man arbeitet stattdessen mit unechten, so genannten *Pseudo-Zufallszahlen*, für deren Ermittlung beispielsweise die folgenden Möglichkeiten bestehen:

- Zahlenfolgen werden mittels eines so genannten Zufallszahlen-Generators arithmetisch ermittelt; dieser Methode bedient sich die Simulation, siehe unten.
- Ausnutzen der Frequenzen des natürlichen Rauschens (z. B. bei Radiowellen).

An einen Zufallszahlen-Generator sind folgende Anforderungen zu stellen:

- Es soll eine gute Annäherung der empirischen Verteilung der Pseudo-Zufallszahlen an die gewünschte Verteilungsfunktion erreicht werden.
- Die Zahlenfolgen sollen reproduzierbar sein. Diese Eigenschaft ist wichtig, wenn man beispielsweise Algorithmen an Hand derselben zufällig erzeugten Daten vergleichen möchte.
- Die Zahlenfolgen sollen eine *große Periodenlänge* aufweisen, d. h. es soll eine große Anzahl sich nicht wiederholender Zufallszahlen erzeugt werden.
- Die Generierungszeit soll kurz und der Speicherplatzbedarf gering sein.

Die obigen Anforderungen werden von Zufallszahlengeneratoren, die in modernen Software-Tools wie R, Minitab, SAS-JMP und sogar Microsoft-Excel implementiert sind, weitgehend erfüllt. Noch in den Anfangszeiten von Personalcomputern in den 1980er Jahren waren die Anforderungen hinsichtlich der Periodenlänge und der Generierungszeit nicht ohne weiteres zu erfüllen. Die Generierung von Zufallszahlen einer beliebigen Verteilung beruht auf der Generierung gleichverteilter Zufallszahlen.

3.5.1.1 Die Kongruenzmethode zur Erzeugung gleichverteilter Zufallszahlen

Die Gleichverteilung auf einem Intervall $[a, b]$ wurde in Abschn. 3.3.1 vorgestellt, vgl. (3.29). Mit der so genannten Kongruenzmethode werden zunächst gleichverteilte Zufallszahlen zwischen 0 und 1, d. h. auf dem Intervall [0, 1] erzeugt.

Algorithmus zur Erzeugung von N gleichverteilten Zufallszahlen zwischen 0 und 1

1. Wähle natürliche Zahlen a, m und b als Startparameter.
2. Wähle eine beliebige natürliche Zahl g_0.
3. Führe für $i = 1$ bis N die Iteration

$$g_i = (a \cdot g_{i-1} + b) \mod m \text{ und } z_i = \frac{g_{i-1}}{m} \tag{3.58}$$

durch.

Die $z_i, i = 1, \ldots, N$, sind dann die gewünschten Zufallszahlen.

In (3.58) wird der so genannte Modulo-Operator verwendet. $a = b \mod m$ weist a den Rest der ganzzahligen Division $b : m$ zu. Beispielsweise gilt: $6 \mod 3 = 0$, $6 \mod 4 = 3$ und $6 \mod 7 = 6$.

Ganz offensichtlich muss gelten: $0 \leq b \mod m < 1$. Bezogen auf (3.28) liegen dann alle Zufallszahlen zwischen 0 und 1: $0 \leq z_i < 1, i = 1, \ldots, N$.

Mit der Transformation

$$x_i = a + (b - a)z_i$$

erhält man nun gleichverteilte Zufallszahlen zwischen a und b.

Die Startparameter in obigem Algorithmus können frei gewählt werden. Allerdings wird mit m die Periodenlänge gesteuert, so dass dieser Parameter hinreichend groß gewählt werden sollte.

Algorithmen zur Erzeugung von gleichverteilten Zufallszahlen sind in allen Statistik-Softwaretools implementiert. In R werden mit *runif(N,a,b)* N gleichverteilte Zufallszahlen zwischen a und b generiert. In Microsoft-Excel gibt es denn Befehl zufallszahl() zur Erzeugung einer gleichverteilten Zufallszahl zwischen 0 und 1.

3.5.1.2 Die Inversionsmethode

Es sollen nun Zufallszahlen zu einer Verteilungsfunktion $F(x)$ erzeugt werden. Die Inversionsmethode ist anwendbar wenn die Funktion $F(x)$ invertierbar ist, d. h. die Umkehrfunktion $F^{-1}(x)$ existiert.

Wichtig $z_i, i = 1, \ldots, N$ seien gleichverteilte Zufallszahlen zwischen 0 und 1. Dann sind mit

$$x_i = F^{-1}(z_i), i = 1, \ldots, N \tag{3.59}$$

Zufallszahlen der Verteilung mit Verteilungsfunktion $F(x)$ gegeben.

Die Inversionsmethode beruht darauf, dass Funktionswerte einer Verteilungsfunktion zwischen 0 und 1 liegen müssen. Die Methode weist daher jedem zufälligen Funktionswert, nämlich einer gleichverteilten Zufallszahl, über die Umkehrfunktion eine Zufallszahl der betrachteten Verteilung zu.

Die Inversionsmethode lässt sich insbesondere zum Erzeugen exponentiell und Weibull-verteilter Zufallszahlen anwenden.

Im Falle der Exponentialverteilung folgt aus

$$F(x_i) = 1 - e^{-\lambda x_i} = z_i\colon x_i = \frac{\log(1 - z_i)}{\lambda}, i = 1, \ldots, N,$$

vgl. (3.59). Wenn $z_i, i = 1, \ldots, N$ gleichverteilte Zufallszahlen zwischen 0 und 1 sind, dann gilt dies auch für $1 - z_i, i = 1, \ldots, N$. Exponentiell verteilte Zufallszahlen werden daher meist mit

$$x_i = \frac{\log(z_i)}{\lambda}, i = 1, \ldots, N \text{ für } z_i > 0$$

erzeugt.

Im Falle der Weibull-Verteilung gilt:

$$F(x_i) = 1 - \exp\left(-\left(\left(\frac{x_i}{a}\right)^b\right)\right) = z_i \Rightarrow x_i = a \cdot (-\log(1 - z_i))^{1/b}.$$

3.5.1.3 Erzeugen normalverteilter und log-normalverteilter Zufallszahlen

Die Erzeugung normalverteilter Zufallszahlen beruht auf dem zentralen Grenzwertsatz. Dem zentralen Grenzwertsatz zufolge wird über Mittelwert- bzw. Summenbildung asymptotisch eine Normalverteilung erreicht.

Um standardnormalverteilte Zufallszahlen zu generieren, benötigt man in der Regel 12 gleichverteilte Zufallszahlen je normalverteilter Zufallszahl. Diese seien mit z_{i1} bis $z_{i12}, i = 1, \ldots, N$ bezeichnet.

Man setzt

$$x_i = \left|\sum_{j=1}^{12} z_{ij}\right| - 6, i = 1, \ldots, N.$$

Die so erzeugten Zufallsgrößen sind dann normalverteilt mit Erwartungswert 0 und Varianz 1. Über die Transformation $\sigma \cdot x_i + \mu$ werden dann normalverteilte Zufallszahlen mit Erwartungswert μ und Varianz σ^2 erzielt.

> **Wichtig** Die Generierung normalverteilter Zufallszahlen beruht auf dem zentralen Grenzwertsatz und auf gleichverteilten Zufallszahlen.

Mittels normalverteilter Zufallszahlen lassen sich sofort log-normalverteilte Zufallszahlen generieren.

Sind $x_i, i = 1, \ldots, N$ normalverteilte Zufallszahlen mit Erwartungswert μ und Varianz σ^2, so liegen mit

$$y_i = e^{x_i}, i = 1, \ldots, N$$

lognormalverteile Zufallszahlen mit den Parameters μ und σ^2 vor, siehe Abschn. 3.3.1.

3.5.1.4 Erzeugen diskret verteilter Zufallszahlen

An dieser Stelle soll auf die Generierung binomial- und Poisson-verteilter Zufallszahlen eingegangen werden.

Zur Generierung binomial verteilter Zufallszahlen mit den Parametern n und p ($B(n, p)$-Verteilung) werden zunächst $B(1, p)$-verteilte Zufallszahlen erzeugt:

Ausgehend von gleichverteilten Zufallszahlen z_i erhält man $B(1, p)$-verteilte Zufallszahlen

$$x_i = \begin{cases} 1, & z_i \leq p \\ 0, & z_i > p \end{cases}.$$

Man erhält nun $B(n, p)$-verteilte Zufallszahlen jeweils aus den Summen der erzeugten $n B(1, p)$-verteilten Zufallszahlen.

Aufgrund der Dualität der Poisson- und Exponentialverteilung (siehe Abschn. 3.3.2) basiert die Erzeugung Poisson-verteilter Zufallszahlen auf exponentiell verteilten Zufallszahlen.

Wir betrachten eine Poisson-Verteilung mit Parameter λ. Man erzeugt zunächst exponentiell verteilte Zufallszahlen z_i mit dem Parameter 1.

Man wählt x_1 als kleinste Zahl n mit $\sum_{i=1}^{n} z_i > \lambda$.

Das Verfahren wird dann entsprechend fortgesetzt.

3.5.1.5 Monte-Carlo-Integration

Mittels Monte-Carlo-Integration kann ein Integral $I = \int_a^b f(x)\,dx$ numerisch bestimmt werden. Zur vereinfachten Darstellung der Methode beschränken wir uns dabei zunächst auf Funktionen $f(x) \geq 0$.

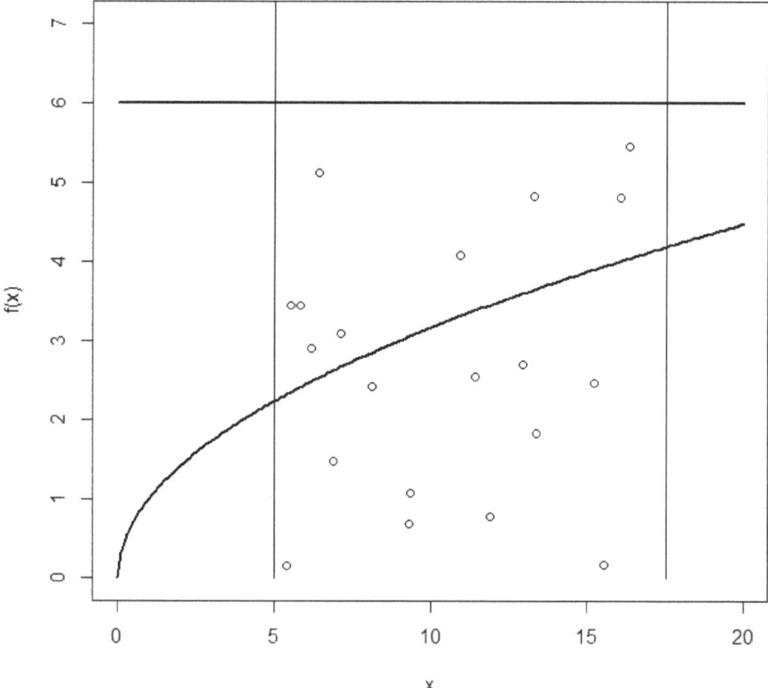

Abb. 3.25 Monte-Carlo-Integration

Die Monte-Carlo-Integration setzt voraus, dass eine obere Schranke c von $f(x)$ im Integrationsbereich bekannt ist, d. h. $f(x) \leq c, a \leq x \leq b$.

Es werden N zufällige Punkte (x_i, y_i) erzeugt mit $a \leq x_i \leq b, 0 \leq y_i \leq c$ (jeweils gleichverteilt). Alle zufälligen Punkte liegen dann in einem Rechteck, das von der x-Achse, der Schranke c und den Integrationsgrenzen gebildet wird. Der Flächeninhalt dieses Rechtecks ist trivialerweise gleich $c \cdot (b - a)$, vgl. Abb. 3.25.

Anschließend werden diejenigen Punkte gezählt, die in der gesuchten Fläche unter der Kurve liegen, d. h. für die gilt: $y_i \leq f(x_i)$. Die Anzahl dieser Punkte sei dann gleich M.

Das gesuchte Integral kann nun durch die Fläche des Rechtecks multipliziert mit dem Anteil der Punkte unterhalb der Kurve approximiert werden, d. h.

$$I \approx \frac{M}{N} \cdot c(b - a). \tag{3.60}$$

Der Pseudoprogrammcode für die Monte-Carlo-Integration sieht nun folgendermaßen aus:

$M = 0;$

Für $i = 1$ bis N

$x_i =$ Zufallszahl zwischen a und b;

$y_i =$ Zufallszahl zwischen a und b;

Wenn $(y_i \leq f(x_i))$ dann $M = M + 1$.

$$\text{Ergebnis} = \frac{M}{N} \cdot c(b - a).$$

Ende;

Beispiel

Abb. 3.25 zeigt den Verlauf einer Funktion $f(x)$ zwischen 0 und 20. Das Integral $\int_5^{17,5} f(x)\,dx$ soll mittels Monte-Carlo-Integration bestimmt werden.

In Abb. 3.25 ist ersichtlich, dass $c = 6$ eine obere Schranke der Funktion darstellt. $N = 20$ zufällige Punkte im durch die Integrationsgrenzen, die x-Achse und die obere Schranke gebildeten Rechteck können der Abbildung ebenfalls entnommen werden.

Unterhalb der Kurve liegen $M = 11$ Punkte. Das Integral wird somit durch $\frac{11}{20} \cdot 6 \cdot (17{,}5 - 5) = 41{,}25$ approximiert.

Die Genauigkeit der Approximation hängt von der Anzahl der simulierten zufälligen Punkte ab. Es sollte dabei $N \geq 100.000$ gewählt werden, was mit einem Software-Paket wie R oder Minitab allerdings kein Problem darstellt. Die im obigen Beispiel ermittelte Approximation ist somit ungenau und diente nur der Veranschaulichung der Methode.

Wir haben uns auf Funktionen $f(x) \geq 0$ beschränkt. Im Fall der Risikomodellierung mit einem nicht-negativen Value-at-Risk stellt das somit keine Einschränkung dar.

Natürlich lässt sich die Monte-Carlo-Integration auf beliebige Funktionen übertragen, in dem beispielsweise getrennte Betrachtungen für die positiven und negativen Funktionsverläufe erfolgen.

3.5.2 Bestimmung des Tail Value-at-Risk

Simulation kann bei der Risikomodellierung an verschiedenen Stellen eingesetzt werden.

Mittels Monte-Carlo-Approximation kann der Tail Value-at-Risk $\text{TVaR}(V, \alpha) = \frac{1}{1-\alpha} \cdot \int_\alpha^1 \text{VaR}(V, s)\,ds$ approximiert werden, was natürlich insbesondere dann sinnvoll ist, wenn eine analytische Bestimmung des Integrals nicht oder nur sehr schwer möglich ist.

Im Folgenden soll dies exemplarisch für die Weibull-Verteilung dargestellt werden.

Beispiel

Wir betrachten eine Weibull-verteilte Schadenshöhe $V \sim \text{Weibull}(a, 2)$. Für $\alpha = 0{,}99$ soll $\text{TVaR}(V; 0{,}99)$ bestimmt werden.

Der Value-at-Risk entspricht dem α-Quantil der Weibullverteilung, d. h. $\text{VaR}(V, \alpha) = \zeta_\alpha$ und kann direkt aus

$$F_V(\zeta_\alpha) = 1 - \exp\left(-\left(\frac{t}{a}\right)^b\right) = \alpha$$

hergeleitet werden:

$$\zeta_\alpha = a \cdot (-\log(1-\alpha))^{\frac{1}{b}} \text{ bzw. } \zeta_\alpha = a \cdot (-\log(1-\alpha))^{0,5} \text{ für } b = 2.$$

Damit erhalten wir

$$\text{TVaR}(V; 0{,}99) = \frac{1}{1 - 0{,}99} \cdot \int_{0{,}99}^{1} \text{VaR}(V, s)\, ds = 100 \cdot a \cdot \int_{0{,}99}^{1} (-\log(1-s))^{0,5}\, ds.$$

Bei diesem Integral handelt es sich nun um ein uneigentliches Integral, da

$$-\log(1-1) = -\log(0) = \infty.$$

Wir betrachten daher das Integral $\int_{0{,}99}^{0{,}9999999999} (-\log(1-s))^{0,5}\, ds$. Als obere Schranke wählen wir $c = 6$, da das Quantil im betrachteten Integrationsbereich maximal 4,8 ist.

Wir generieren nun $N = 500.000$ zufällige Punkte mit gleichverteilten Koordinaten

$$0{,}99 \leq x_i \leq 0{,}9999999999;\, 0 \leq y_i \leq 6, i = 1, \ldots, 500.000.$$

Die Fläche des durch x-Achse, Integrationsgrenze und obere Schranke definierten Rechtecks entspricht dann $6 \cdot (0{,}9999999999 - 0{,}99) = 0{,}06$.

Im konkreten Fall erhalten wir $M = 196.552$. Hieraus folgt:

$$\int_{0{,}99}^{0{,}9999999999} (-\log(1-s))^{0,5}\, ds \approx \frac{196.552}{500.000} \cdot 0{,}06 = 0{,}02358626.$$

Somit ist

$$\text{TVaR}(V; 0{,}99) = 100 \cdot a \cdot 0{,}02358626 = 2{,}358626 \cdot a.$$

Der R-Programmcode zur Erzeugung der Zufallszahlen und zur Bestimmung von M in obigem Beispiel laut dann wie folgt:

```
M=0;
x=runif(500000,0.99,0.9999999999);
y=runif(500000,0,6);
for (i in 500000) {
  z=(-log(1-x[i]))^0.5;
  if (z <= y[i]) M=M+1;}
erg=(M/500000)*0.06;
```

Mit Zufallszahlen ist auch eine Schätzung des Tail Value-at-Risk möglich. Bei einer stetigen Verteilung von V gilt bekanntlich: $\text{TVaR}(V,\alpha) = E(V|V > \text{VaR}(V,\alpha))$. Dieser bedingte Erwartungswert kann einfach auf Grundlage entsprechender Zufallszahlen geschätzt werden.

F_V sei die stetige Verteilungsfunktion einer Schadenshöhe V. $v_1, \ldots, v_n$ seien Zufallszahlen zu dieser Verteilung. $m < n$ sei die Anzahl dieser Zufallszahlen mit $v_j > \text{VaR}(V,\alpha)$. Eine Schätzung für den Tail Value-at-Risk erhalten wir dann mittels

$$\widehat{\text{TVar}}(V,\alpha) = \frac{1}{m}\sum_{i=1}^{m} g_i \tag{3.61}$$

$$\text{mit } g_i = \begin{cases} v_i, & v_i > \text{Var}(V,\alpha) \\ 0, & v_i \leq \text{Var}(V,\alpha) \end{cases}.$$

Beispiel

Wir betrachten eine Weibull-verteilte Schadenshöhe $V \sim \text{Weibull}(1000, 2)$. Mittels Zufallszahlen sollen mögliche maximale Schäden bestimmt werden.

Zunächst können die üblichen Risikomaße bestimmt werden, siehe obiges Beispiel.

$$E(V) = 886, \text{VaR}(V; 0{,}99) = 2146 \text{ und } \text{TVaR}(V; 0{,}99) = 2359.$$

Mit der Inversionsmethode werden nun 1 Million Zufallszahlen erzeugt. Das Histogramm dieser Zufallszahlen ist in Abb. 3.26 zu finden.

Die Anzahl der Zufallszahlen größer als $\text{VaR}(V; 0{,}99) = 2146$ beträgt $m = 10.111$. Ihr Mittelwert ist 3032. Somit erhalten wir:

$$\widehat{\text{TVar}}(V,\alpha) = 3032.$$

3.5.3 Risikoszenarien

In Abschn. 3.3 wurden Risiken als Zufallsvariable interpretiert und mit ihren Verteilungsfunktionen beschrieben. Risikokennzahlen auf der Grundlage der Verteilungen wurden in

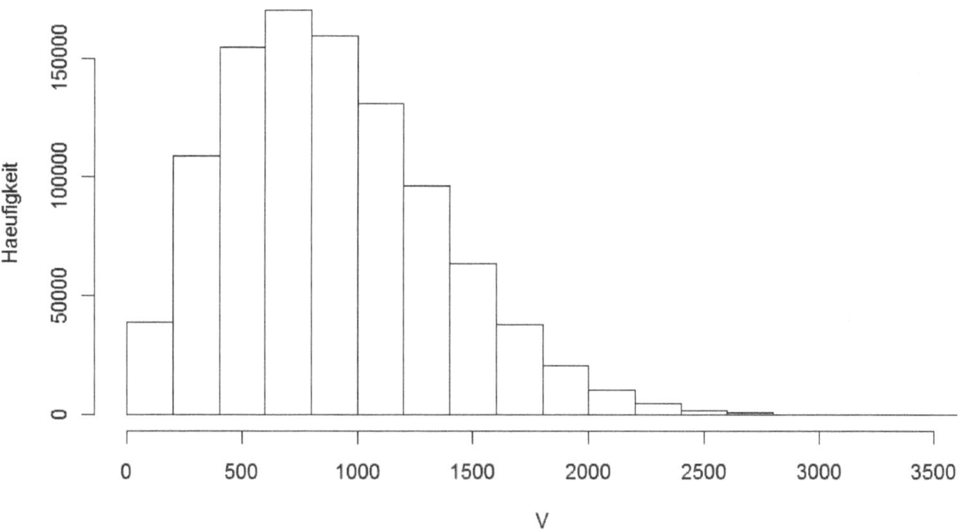

Abb. 3.26 Histogramm Weibull-verteilter Zufallszahlen

Abschn. 3.4 erläutert. Neben Kennzahlen sind aber auch Risiken oder Schadenshöhen von Interesse, die theoretisch eintreten könnten.

► **Wichtig** Mittels simulierter Risiken können mögliche Risiken dargestellt werden.

Beispiel

Wir betrachten eine Weibull-verteilte Schadenshöhe $V \sim \text{Weibull}(1000, 2)$. Mittels Zufallszahlen sollen mögliche maximale Schäden bestimmt werden.

Zunächst können die üblichen Risikomaße bestimmt werden, siehe Abschn. 3.5.2:

$$E(V) = 886, \text{VaR}(V; 0{,}99) = 2146 \text{ und } \text{TVaR}(V; 0{,}99) = 2359 \text{ bzw.}$$

$$\widehat{\text{TVar}}(V, \alpha) = 3032.$$

Mit der Inversionsmethode werden nun 1 Million Zufallszahlen erzeugt. Das Histogramm dieser Zufallszahlen ist in Abb. 3.26 zu finden.

Die 10 höchsten Schäden sind durch die Zufallszahlen

$$3400, 3409, 3417, 3434, 3436, 3445, 3450, 3472, 3576, 3592, 3599 \text{ gegeben.}$$

Diese Werte stellen somit mögliche Schadenshöhen dar, auch wenn die Eintrittswahrscheinlichkeiten äußerst gering sind.

3.6 Risikoüberwachung

In den vorhergehenden Abschnitten wurden verschiedene Risikokennzahlen bzw. Risikomaße vorgestellt. Mit Methoden der statistischen Prozesslenkung (statistical process control, SPC) lassen sich Mittelwert und Streuung einer Zufallsgröße und die Anzahl von Risikoereignissen überwachen. Zentrale SPC-Instrumente sind so genannte Qualitätsregelkarten oder kurz Regelkarten, im Englischen als control charts bezeichnet. Die Bezeichnung Kontrollkarte ist zwar durchaus noch verbreitet, wird dem regelnden Charakter der Methode aber nicht gerecht.

► **Wichtig** Grundlegende Aufgabe der Risikoüberwachung sind die laufende Erfassung von Risiken und Risikoereignissen und darauf aufbauend die Herleitung von Handlungsanweisungen für den Umgang mit diesen Risiken.

Regelkarten sind dann anwendbar, wenn risikobehaftete Zufallsgrößen wie Schadenshöhen, Lebensdauern oder Anzahlen von Risikoereignissen regelmäßig erfasst werden und untersucht werden soll, ob und inwieweit kritische Veränderungen eintreten.

3.6.1 Regelkarten zur Überwachung des Mittelwerts

Regelkarten zur Überwachung des Mittelwerts werden in der Qualitätssicherung im Rahmen von messenden Prüfungen erstellt. Die so genannte Mittelwertkarte dient zur laufenden Überwachung und Lenkung des vorgegebenen Sollwertes a einer Zufallsgröße V.

Die Voraussetzungen sind, dass V normalverteilt ist mit Erwartungswert μ und Varianz σ^2, welche als bekannt vorausgesetzt wird.

Man geht nun wie folgt vor:

Zu festgelegten Zeitpunkten t_j wird eine Stichprobe vom Umfang n erhoben, d. h. es liegen Werte $v_1^{(j)}, \ldots, v_n^j$ mit Mittelwert $\overline{v}^{(j)}$ vor.

Zu jedem dieser Zeitpunkte wird nun ein z- oder Gauß-Test (siehe [19] und [8]) zu den Hypothesen

$$H_0\colon\ \mu = a; \quad H_1\colon\ \mu \neq a$$

durchgeführt. Die Alternativhypothese steht für eine Abweichung vom Sollwert, d. h. für eine kritische Veränderung.

Die Testgröße ist $T = \left(\frac{\overline{v}^{(j)} - \mu}{\sigma}\right)\sqrt{n}$ ist $N(0, 1)$-verteilt.

Bei einem vorgegebenen Signifikanzniveau α wird die Nullhypothese abgelehnt, wenn gilt:

$|T| \geq z_{1-\frac{\alpha}{2}}$, wobei $z_{1-\frac{\alpha}{2}}$ wiederum das $(1-\frac{\alpha}{2})$-Quantil der Standardnormalverteilung bezeichnet.

Es gilt nun:

$$|T| \geq z_{1-\frac{\alpha}{2}} \Longleftrightarrow \text{UEG} = a - z_{1-\frac{\alpha}{2}} \cdot \frac{\sigma}{\sqrt{n}} \leq \overline{v}^{(j)} \leq a + z_{1-\frac{\alpha}{2}} \cdot \frac{\sigma}{\sqrt{n}} = \text{OEG}. \quad (3.62)$$

UEG und OEG stehen dabei für untere bzw. obere Eingriffsgrenze. (3.62) lässt sich nun offensichtlich grafisch prüfen im Rahmen einer Mittelwert-Regelkarte prüfen: Sollwert und Eingriffsgrenzen werden in ein Diagramm eingetragen. Liegt nun einer der sukzessiv hinzu kommenden Mittelwerte außerhalb der Grenzen, so liegt eine Störung bzw. kritische Veränderung vor. Es ist daher ein regulierender Eingriff erforderlich.

Die Eingriffsgrenzen hängen natürlich vom gewählten Signifikanzniveau ab. In Europa wird meist $\alpha = 0{,}01$ mit $z_{1-\frac{\alpha}{2}} = 2{,}576$ gewählt.

Insbesondere in den USA sind die Eingriffsgrenzen $a \pm 3 \cdot \frac{\sigma}{\sqrt{n}}$ gebräuchlich. Das Signifikanzniveau beträgt in diesem Fall dann $\alpha = 0{,}0027$. Außerdem weisen diese Eingriffsgrenzen mit ± 3 Standardabweichungen , wenn auch noch gewichtet mit dem Stichprobenumfang, auf die in Kap. 4 diskutierte Six Sigma-Methode hin.

Die Wahrscheinlichkeit, dass ein Mittelwert fälschlicherweise außerhalb der Grenzen liegt beträgt α.

Allerdings muss auch noch der so genannte Fehler 2. Art beachtet werden, der den Fehler beschreibt, dass alle Mittelwerte innerhalb der Grenzen liegen, obwohl eine kritische Veränderung vorliegt („unterlassener Alarm"). Die Wahrscheinlichkeit für einen Fehler 2. Art wird mittels der so genannten Gütefunktion $g(\mu)$ analysiert, die als bedingte Wahrscheinlichkeit definiert wird:

$$g(\mu) = P(H_0 \text{ wird abgelehnt} | \mu \text{ ist der Erwartungswert}). \quad (3.63)$$

Weicht μ vom wahren Erwartungswert ab, so beschreibt $g(\mu)$ das Risiko für einen Fehler 2. Art,

Mit $\delta = \frac{\mu - a}{\sigma}$ kann die Gütefunktion in der Form

$$g(\mu) = \phi\left(\delta\sqrt{n} - z_{1-\frac{\alpha}{2}}\right) + \phi\left(-\delta\sqrt{n} - z_{1-\frac{\alpha}{2}}\right) = g_1(\delta)$$

dargestellt werden, vgl. [19]. $\phi(x)$ ist wieder die Verteilungsfunktion der Standardnormalverteilung $(N(0,1))$.

Bei einer Abweichung vom Sollwert um eine Standardabweichung, d. h. $\delta = 1$, gilt für $n = 5$: $g_1(1) = 0{,}367$. Mit einer Wahrscheinlichkeit von $1 - 0{,}367 = 0{,}633$, also 63 % wird die kritische Änderung somit nicht erkannt. Bei einer Erhöhung des Stichprobenumfangs auf $n = 20$ gilt: $g_1(1) = 0{,}971$. Nur mit einer Wahrscheinlichkeit 2,9 % wird die Änderung somit nicht erkannt.

► **Wichtig** Mit steigendem Strichprobenumfang sinkt das Risiko, eine vorhandene kritische Änderung mit einer Mittelwert-Regelkarte nicht zu erkennen. Dies bedeutet insbesondere, dass eine so genannte Einzelwert-Karte, bei der jeder Wert dargestellt wird ($n = 1$) nicht geeignet ist.

► **Wichtig** Mittelwert-Regelkarten sind zur Überwachung von Risiken nur dann verwendbar, wenn auf der Grundlage relativ vieler Beobachtungen Stichproben gezogen werden können.

Mittelwert-Karten können ohne Software-Tools erstellt werden. Dennoch empfiehlt sich die Verwendung einer geeigneten Qualitätssicherungs-Software wie Minitab oder JMP, wo Regelkarten auf eine einfache Art und Weise erzeugt werden können.

3.6.2 Regelkarten für die Streuung

Auch wenn durch hinreichend große Stichprobenumfänge die Wahrscheinlichkeit für einen Fehler 2. Art gering gehalten wird, reicht die Mittelwert-Karte nicht aus. Die Mittelwert-Karte kann Abweichungen nicht erkennen, wenn „große“ und „kleine“ Stichprobenwerte außerhalb der Grenzen im Mittel innerhalb der Grenzen liegen.

► **Wichtig** Eine Mittelwert-Regelkarte sollte immer nur zusammen mit einer Regelkarte zur Überwachung der Streuung betrachtet werden.

Regelkarten zur Überwachung der Streuung sind die R-Karte und die s-Karte. Die beiden Regelkarten unterscheiden sich hinsichtlich der Schätzung der Streuungen in den Stichproben.

Die R-Karte basiert auf der Spannweite als Schätzung der Stichprobenvarianz. Aufgrund dieser einfachen Schätzmethode ist die R-Karte auch bei kleinen Stichprobenumfängen zu empfehlen ($n \leq 10$).

In der R-Karte wird die Spannweite der einzelnen Stichproben dargestellt wobei diese Spannweite natürlich durch $R = \text{größter Stichprobenwert} - \text{kleinster Stichprobenwert}$ gegeben ist.

Auf eine weitergehende statistische Herleitung soll an dieser Stelle verzichtet werden.

Die s-Karte ist insbesondere bei größeren Stichprobenumfängen zu empfehlen, da die Streuung mit der empirischen Varianz s^2 basiert. In der s-Karte wird die Standardabweichung s der einzelnen Stichproben dargestellt.

Die Eingriffsgrenzen werden auf Grundlage der Chi-Quadrat-Verteilung bestimmt. Details können [19] entnommen werden.

Beispiel

Tab. 3.6 enthält die Zusatzkosten bei Aufträgen eines Unternehmens in einem Zeitraum von 10 Monaten. Pro Monat werden 5 Aufträge exemplarisch erfasst. Zusatzkosten in

Tab. 3.6 Zusatzkosten

Stichprobe	Wert 1	Wert 2	Wert 3	Wert 4	Wert 5
1	400	0	200	800	100
2	300	300	600	200	100
3	500	400	200	0	0
4	0	100	200	100	100
5	1300	0	0	0	0
6	200	300	400	200	100
7	0	0	300	200	100
8	500	300	400	0	100
9	200	300	400	0	100
10	400	600	0	0	200

Höhe von 100 Euro pro Auftrag sind für das Unternehmen akzeptabel. Aufgrund langfristiger Beobachtungen kann von einer Standardabweichung $\sigma = 250$ ausgegangen werden.

Mit Regelkarten sollen Auffälligkeiten entdeckt werden.

Mit $a = 100, \sigma = 250, \alpha = 0{,}01$ können die Eingriffsgrenzen für die Mittelwert-Karte bestimmt werden:

$$\text{UEG} = 100 - 2{,}576 \cdot \frac{250}{\sqrt{5}} = -188; \text{OEG} = 100 + 2{,}576 \cdot \frac{250}{\sqrt{5}} = 388.$$

Die Mittelwert-Karte kann nun Abb. 3.27 entnommen werden.

Mit der Mittelwert-Karte werden keine Auffälligkeiten festgestellt.

Wegen des geringen Stichprobenumfangs betrachten wir zusätzlich eine R-Karte, die mittels Minitab erstellt wurde. Mit der R-Karte wird die Auffälligkeit in Stichprobe 5 (Wert 1300 und viermal keine Zusatzkosten) entdeckt.

3.6.3 Regelkarten für attributive Daten

Regelkarten für attributive Daten werden im Rahmen einer zählenden Prüfung erstellt. Bei einer solchen zählenden Prüfung werden beispielsweise die Anzahl von Fehlteilen, Gewährleistungsfällen, Stornierungen, etc. ermittelt.

Folgende Regelkarten für attributive Daten sind gebräuchlich:

1. Die p-Karte
   In einer p-Karte wird jeweils der Anteile der fehlerhaften Teile pro Stichprobe (Fehleranteil pro Stichprobe) eingetragen. Sind alle Stichprobenumfänge konstant, so sind die Eingriffsgrenzen ebenfalls konstant. Variable Stichprobenumfänge sind möglich.

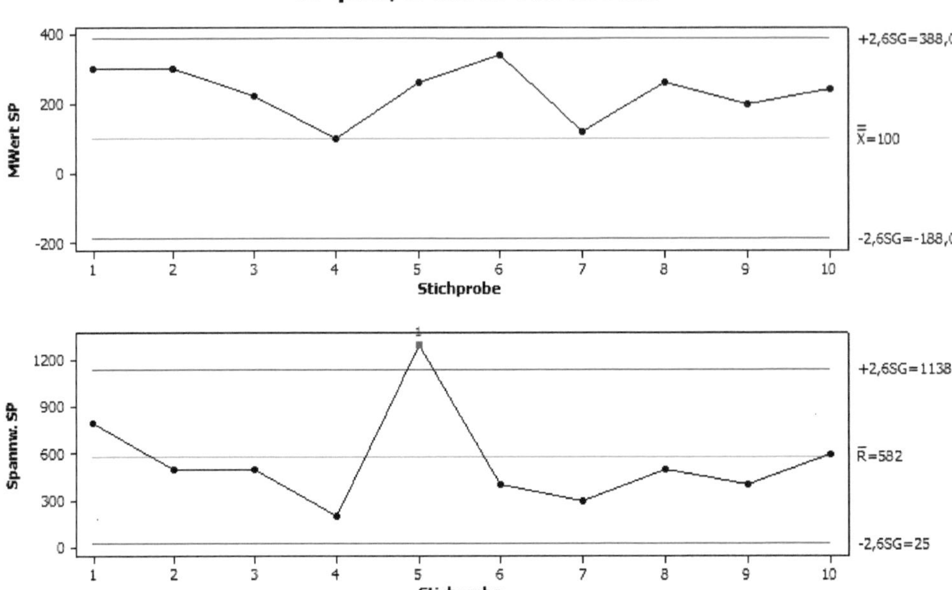

Abb. 3.27 Mittelwert- und *R*-Karte (*unten*)

Tab. 3.7 Anzahl von Reklamationen

Anzahl der Aufträge	Anzahl von Reklamationen
20	0
18	1
22	1
35	1
30	2
21	1
10	0
15	1
20	1
15	3
20	0

2. Die np-Karte
   In einer np-Karte wird jeweils die Anzahl der Fehlteile pro Stichprobe erfasst. Der Stichprobenumfang wird hier in der Regel konstant gewählt. Variable Stichprobenumfänge sind wiederum möglich.
3. Die c-Karte
   In einer c-Karte wird die Anzahl der Fehler pro Stichprobe erfasst. Entspricht ein Fehler einem fehlerhaften Teil, so entspricht die c-Karte der np-Karte.

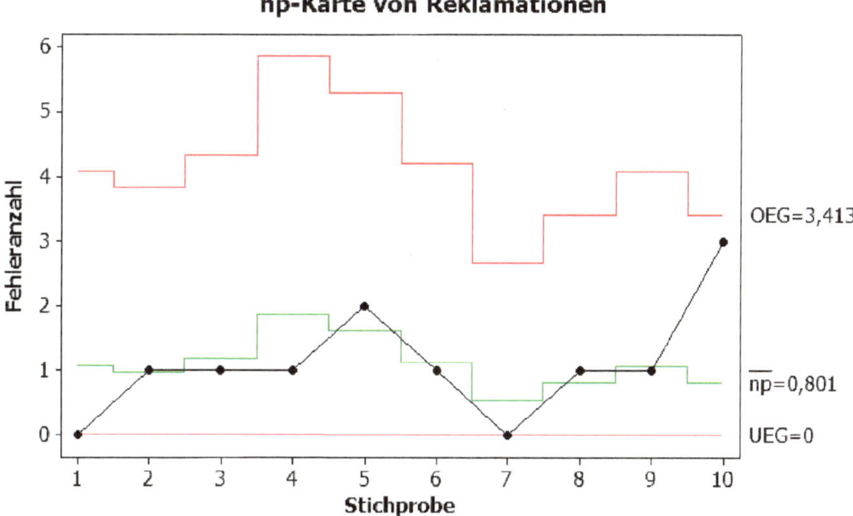

Abb. 3.28 np-Regelkarte für die Daten aus Tab. 3.7

Obige Regelkarten können in der Regel alternativ verwendet werden. Lediglich die c-Karte mit der Möglichkeit mehrerer Fehler pro Teil stellt eine gewisse Erweiterung dar.

Regelkarten für attributive Daten werden sinnvollerweise mit Software erstellt. Bei den relevanten Software-Paketen ist dies auf eine einfache, intuitive Art und Weise möglich.

Beispiel

Tab. 3.7 enthält die Anzahl von Kundenreklamationen im Verlauf von 10 Monaten bei einer variablen Anzahl von Aufträgen pro Monat.

Mittels einer Regelkarte für attributive Daten sollen Auffälligkeiten bzw. eine erhöhte Reklamationsanzahl festgestellt werden.

Die zugehörige np-Karte wird in Abb. 3.28 dargestellt. Die Anzahl der Reklamationen verläuft stets innerhalb der Eingriffsgrenzen. Wegen der variablen Stichprobenumfänge (Anzahl der monatlichen Aufträge) verlaufen diese nicht konstant.

4 Risikomanagement mit Six Sigma

4.1 Grundlagen und Überblick

Erste Ansätze der Six Sigma-Methoden entstanden in Japan in den 1970er Jahren in der Werftenindustrie und auch im Maschinen- und Fahrzeugbau.

Unter der Bezeichnung Six Sigma wurde die Methode zum ersten Mal im Jahr 1987 bei Motorola in den USA angewendet. Der Begriff und die Methode wurden dabei von Bill Smith (1929–1993), einem Ingenieur im genannten Unternehmen geprägt.

Der Durchbruch kam allerdings erst durch die Umsetzung bei General Electric (GE). Der damalige CEO von GE, Jack Welch initiierte ab Mitte der 1990er Jahre die konsequente Umsetzung von Six Sigma in seinem Unternehmen und konnte auch daraus resultierende Erfolge vorweisen.

Im Jahr 2000 führte Six Sigma bei GE beispielsweise zu Einsparungen im Höhe von 3 Milliarden $. In Folge der publizierten Erfolge bei GE entstanden Six Sigma-Initiativen bei zahlreichen Unternehmen auf der ganzen Welt.

► **Definition** Die SixSigma-Methode ist eine QM-Methode mit dem Hauptziel, Anforderungen von Kunden vollständig und profitabel zu erfüllen. Um dies gewährleisten zu können, müssen kritische Prozesse erkannt, analysiert und verbessert werden.

Im engeren Sinn bzw. im Wortsinn bezieht sich Six Sigma auf ein statistisches Qualitätsziel. Mit Sigma (σ) wird in der Statistik bekanntlich die Standardabweichung bezeichnet. In der Entstehungszeit von Six Sigma wurden zunächst nur normalverteilte Qualitätsmerkmale betrachtet für die Kundenanforderungen als Toleranz- bzw. Spezifikationsgrenzen vorlagen. Mit USG sein nun die untere, mit OSG die obere Toleranzgrenze bezeichnet. Ganz offensichtlich liegt eine Nichterfüllung der Kundenanforderung – und damit ein Fehler bzw. ein fehlerhaftes Produkt – vor, wenn die Realisierung des Qualitätsmerkmals außerhalb der Toleranzgrenzen liegt. Aus der Statistik ist nun bekannt, dass die Wahrscheinlichkeit, dass das Merkmal außerhalb der Toleranzgrenzen liegt, mit zu-

K. Wälder, O. Wälder, *Methoden zur Risikomodellierung und des Risikomanagements*,
DOI 10.1007/978-3-658-13973-5_4

nehmender Streuung bzw. Standardabweichung wächst. Anders formuliert: Je kleiner die Standardabweichung ist, desto geringer ist die Fehleranzahl. Somit ist Fehlerminimierung gleichbedeutend mit einer Minimierung der Standardabweichung des relevanten Merkmals bzw. Prozesses. Die Differenz zwischen oberer und unterer Spezifikationsgrenze wird als Toleranz bezeichnet. Zudem nimmt man an oft an, dass der Sollwert μ genau in der Mitte des Toleranzintervalls liegt.

► **Wichtig** Der Begriff Six Sigma bezieht sich auf die Forderung bzw. das Ziel, dass jeweils 6 Standardabweichungen, also 6σ, zwischen Sollwert μ und Toleranzgrenzen passen sollen. Hierbei wird angenommen, dass μ in der Mitte des Toleranzintervalls liegt. Bei Erfüllen dieser Forderung liegen somit 12 Standardabweichungen im Toleranzintervall.
Die Anzahl der Standardabweichungen zwischen Sollwert und Toleranzgrenzen wird nun als Sigma-Niveau oder Sigma-Level σ_N eines Prozesses oder Produktes bezeichnet.
Ziel bei der Six Sigma-Methode sind Qualitätsmerkmale bzw. Prozesse mit $\sigma_N = 6$.

Natürlich kann das Sigma-Niveau σ_N eines Prozesses oder Produktes nun auch mathematisch dargestellt werden:

$$\sigma_N = \min\left\{\frac{\text{OSG} - \mu}{\sigma}, \frac{\mu - \text{USG}}{\sigma}\right\}. \tag{4.1}$$

In (4.1) wird durch die Minimumsbetrachtung berücksichtigt, dass der Sollwert μ nicht immer genau in der Mitte des Toleranzintervalles liegt. In diesem Fall ergibt sich das Sigma-Niveau als Minimum aus den beiden Anzahlen der Standardabweichungen zwischen Sollwert und OSG bzw. zwischen USG und Sollwert.

Das Sigma-Niveau im obigen Sinne wurde von Bill Smith in der Halbleiterindustrie bei Motorola eingeführt. An Hand empirischer Untersuchungen wurden dort langfristige Verschiebungen des Soll- bzw. Mittelwerts um $\pm 1{,}5\sigma$ festgestellt werden.

Beim langfristigen Sigma-Niveau σ_N^L wird dieser so genannte *Sigma-Shift* berücksichtigt:

$$\sigma_N^L = \sigma_N + 1{,}5. \tag{4.2}$$

Bei einer langfristigen Betrachtung reichen somit 4,5 Standardabweichungen zwischen Sollwert und Toleranzgrenzen aus, um ein Sigma-Niveau von 6 zu erzielen, siehe Abb. 4.1. Bei den ersten Six Sigma-Anwendungen in den 1980er Jahren war dies meist ausreichend, so dass in der Regel eine langfristige Betrachtungsperspektive gewählt wurde. Aus nachvollziehbaren Gründen wurde die Methode dennoch nicht als 4,5 Sigma-Methode bezeichnet.

Für jedes Sigma-Niveau kann nun die Wahrscheinlichkeit berechnet werden, dass das Merkmal innerhalb bzw. außerhalb der Toleranzgrenzen liegt. Hierfür muss natürlich ein

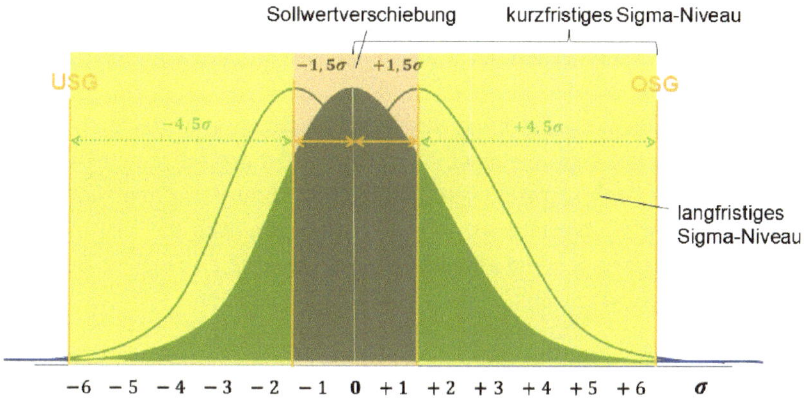

Abb. 4.1 Sigma-Niveau 6: kurzfristige und langfristige Betrachtung

konkretes Verteilungsmodell vorausgesetzt werden. Wie oben bereits diskutiert, wurde ursprünglich stets von Normalverteilung ausgegangen. Aus dieser Wahrscheinlichkeit resultiert eine weitere wichtige Kenngröße.

▶ **Definition** Mit ppm (parts per million) wird die Anzahl der Fehler hochgerechnet auf eine Million Fälle bezeichnet. Es gilt:

$$\text{ppm} = 1.000.000 \cdot (1 - p)$$

mit

$$p = \begin{cases} P\left(X \geq \text{USG}\right), & \text{falls OSG} - \mu \leq \mu - \text{USG} \\ P\left(X \leq \text{OSG}\right), & \text{falls OSG} - \mu > \mu - \text{USG} \end{cases}.$$

$1 - p$ ist somit die Fehlerwahrscheinlichkeit.

Tab. 4.1 enthält einen Überblick über Sigma-Niveaus und die zugehörigen ppm-Werte. Eine detailliertere tabellarische Darstellung ist beispielsweise in [12] zu finden.

Tab. 4.1 Sigma-Niveau und ppm im Überblick (p analog zu oben)

σ_N	σ_N^L	P	$1-p$	Ppm
6	7,5	0,99999999913	$9{,}865877 \cdot 10^{-10}$	0,00099
4,5	6	0,99999660233	$3{,}397673 \cdot 10^{-6}$	3,4
3	4,5	0,99865010197	0,001349898032	1349,9
1,5	3	0,93319279873	0,066807201277	66.807,2
0,5	2	0,69146246127	0,030853753873	308.537,5

Tab. 4.1 enthält die bekannten ppm-Werte der Six Sigma-Methode. Insbesondere wird ppm = 3,4 bei einem langfristigen Sigma-Niveau 6 oft als Zielgröße in Six Sigma-Projekten verwendet.

Aus statistischer Sicht ist die obige Bestimmung des ppm-Wertes nicht ganz korrekt, da nur das Überschreiten bzw. Unterschreiten einer Toleranzgrenze und zwar derjenigen, die näher an μ liegt, berücksichtigt wird. Diese Betrachtung ist dann sinnvoll, wenn für eine konkrete Stichprobe bekannt ist, in welche Richtung sich der Erwartungswert verschoben hat. Korrekterweise sollte allerdings der allgemeine Zugang zur Bestimmung der Fehlerwahrscheinlichkeit gewählt werden. Es muss dann gelten:

$$p_{\text{korr}} = P(\text{USG} \leq X \leq \text{OSG}) \text{ und ppm} = 1.000.000 \cdot (1 - p_{\text{korr}}). \tag{4.3}$$

Die Wahrscheinlichkeit p_{korr} lässt sich auch mittels der in der obigen Definition eingeführten Definition p bestimmen: $p_{\text{korr}} = 2 \cdot p - 1$.

Wird ppm mittels (4.3) bestimmt, ergeben sich doppelt so große Werte wie in Tab. 4.1 ausgewiesen, d. h. ppm = 6,8 bei einem langfristigen Sigma-Niveau von 6.

Unabhängig von der korrekten Bestimmung ergibt sich natürlich die Frage nach einer sinnvollen ppm-Zielgröße. ppm = 3,4 hat sich in der Halbleiterindustrie als sinnvoll erwiesen und wird nun, gewissermaßen aus historischen Gründen, beibehalten. Betrachtet man nun aber beispielsweise einen häufig genutzten Fußgängerübergang, der im Jahr von einer Million Personen genutzt werden, so sind 3,4 Personenschäden pro Jahr sicher nicht zu akzeptieren. Betrachten wir andererseits einen Kleinserienhersteller, der im Jahr 100 Einheiten eines bestimmten Produkts erzeugt. Schon ein fehlerhaftes Produkt im Jahr führt zu ppm = 10.000 und einem langfristigen Sigma-Niveau von ungefähr 3,8. Fordert man nun ein langfristiges Sigma-Niveau von 5,5, wird ppm = 33 angestrebt. Für den Kleinserienhersteller bedeutet dies, dass in einem Zeitraum von ungefähr 300 Jahren ein fehlerhaftes Produkt erlaubt ist, um diesem Ziel gerecht zu werden. Ganz offensichtlich ist diese Zielstellung für das Unternehmen völlig wertlos.

► **Wichtig** Die Six Sigma-Methode stellt mit dem Sigma-Niveau und dem ppm-Wert Kennzahlen für die Qualität von Produkten und Prozessen bereit. Diese Kennzahlen basieren auf der Fehleranzahl und stellen somit Risikomaße dar.

Alle obigen Wahrscheinlichkeitsberechnungen basieren auf der Normalverteilung. Die bei bekannter Standardabweichung σ eigentlich triviale Bestimmung des Sigma-Niveaus nach (4.1) ist daher nur unter dieser Voraussetzung sinnvoll.

Liegt keine Normalverteilung vor, so kann das Sigma-Niveau mittels zweiter Methoden berechnet werden. Bei einem stetig verteilten Qualitätsmerkmal kann bei Annahme eines Verteilungsmodells die Wahrscheinlichkeit für das Auftreten eines Fehlers bestimmt werden. Diese Wahrscheinlichkeit wird dann einem Sigma-Niveau zugeordnet, vgl. Tab. 4.1.

Bei einem diskret verteilten Merkmal (Anzahl von Fehlern, Anzahl von Reklamationen, etc.) kann bei Vorliegen einer Stichprobe direkt der ppm-Wert berechnet werden.

Das Sigma-Niveau ergibt sich dann wieder durch einen Abgleich mit dem entsprechenden Wert bei Normalverteilung, vgl. Tab. 4.1.

Die beschriebene Vorgehensweise kann auch angewendet werden, wenn nur eine Toleranzgrenze vorgegeben ist, beispielsweise die Mindestlebensdauer einer Komponente.

Beispiel

Die Funktionsdauer T von Geräten eines bestimmten Typs aus einer bestimmten Produktionslinie ist Weibull-verteilt. Die Verteilungsparameter $a = 1200$ Betriebsstunden und $b = 2{,}1$ seien bekannt.

Aus rechtlichen Gründen muss die Funktionsdauer mindestens 336 h betragen. Das Sigma-Niveau und ppm sind zu bestimmen.

Zunächst kann

$$P(T < 336) = 1 - \exp\left(-\left(\frac{326}{1200}\right)^{2{,}1}\right) = 0{,}0667$$

berechnet werden. Hieraus folgt ppm $= 66.700$.

Gemäß Tab. 4.1 beträgt dann das Sigma-Niveau ungefähr 1,5; das langfristige Sigma-Niveau ca. 3.

In den bisherigen Ausführungen haben wir uns auf die wichtigsten Kenngrößen der Six Sigma-Methode beschränkt. Die Erfolge von Six Sigma-Projekten beruht auf einer systematischen Projektauswahl, intensiven Schulungs- und Coaching-Maßnahmen sowie einem klaren Hierarchie- und Kompetenzmodell. Letzteres orientiert sich an japanischen Kampfsportarten und basiert auf so genannten Six Sigma-Belts.

Yellow Belts sind Mitarbeiter in einem Six Sigma-Projekt, die eher assistierend tätig sind. Green Belts verfügen über Methodenkompetenz hinsichtlich der Six Sigma-Tools und besitzen darüber hinaus auch Fachkompetenz auf dem konkreten Aufgabengebiet. Black Belts sind als Vollzeitmitarbeiter der Six Sigma Initiative als Projektleiter in Verbesserungsprojekten tätig und bringen Methodenkompetenz mit.

Master Black Belts coachen die anderen Belts und führen Weiterbildungsmaßnahmen durch. Zudem sichern Sie den Erfolg von Six Sigma-Maßnahmen im Sinne einer Supervision ab.

Über den Belt-Ebenen gibt es noch die Rollen des Sponsors, des Quality Leaders bzw. des Business Quality Councils. In diesen Bereichen geht es um eine globale Qualitätsstrategie für das Unternehmen, die Bereitstellung von Ressourcen und die Unterstützung durch das Management.

Ausführliche Informationen zur Six Sigma-Organisation können [12] entnommen werden.

▶ **Wichtig** Die Six Sigma-Methode ist eine systematische Methode zur Erfüllung von Kundenanforderungen. Der Erfüllungsgrad wird mit den Kenngrößen Sigma-Niveau und ppm beschrieben.

4.2 Der DMAIC-Zyklus

Die Six-Sigma-Methode wird projektorientiert im Rahmen des so genannten DMAIC-Zyklus oder des DMAIC-Prozesses realisiert.

> **Definition** Der DMAIC-Zyklus setzt sich aus den Phasen
> Define – Measure – Analyse – Improve – Control
> zusammen.

Im Folgenden sollen die Inhalte der Phasen kurz beschrieben werden: In der Define-Phase (Definieren) werden in erster Linie das Verbesserungsprojekt und die relevanten Ziele und Prozesse definiert.

In der Measure-Phase (Messen) geht es um das Festlegen der Qualitätskriterien, um die Auswahl von fähigen Messsystemen und natürlich das Erfassen und Auswerten von Daten. In dieser Phase kann auch schon eine Bestimmung des aktuellen Sigma-Niveaus vor der Durchführung von Verbesserungsmaßnahmen erfolgen.

In der Analyze-Phase (Analysieren) wird die Prozessfähigkeit im Sinne des Sigma-Niveaus bestimmt, falls dies nicht schon in der vorherigen Phase erfolgte. In erster Linie geht es in dieser Phase um die Identifikation der Ursachen für Qualitätsabweichungen.

Die Improve-Phase (Verbessern) ist Verbesserungsmaßnahmen im Sinne einer Beseitigung der Ursachen für Qualitätsabweichungen bzw. Fehler gewidmet. Grundsätzlich soll so eine Prozessoptimierung erreicht werden.

In der Control-Phase (Regeln, Steuern) werden verbesserte Prozesse als Standard definiert und eingeführt. Zudem werden Methoden zur Überwachung und nachhaltigen Sicherung der Verbesserungen implementiert.

Häufig spricht man von der Six Sigma-Toolbox, die verschiedene Werkzeuge für die einzelnen Phasen bereitstellt, vgl. Abb. 4.2.

An dieser Stelle soll auf eine detaillierte Darstellung der klassischen Six Sigma-Methoden der einzelnen Phasen verzichtet werden. Diese können beispielsweise [12] entnommen werden. Allerdings werden im folgenden Abschnitt Methoden im Hinblick auf Aufgaben des Risikomanagements beschrieben und diskutiert.

Der DMAIC-Zyklus orientiert sich nun ganz offensichtlich am Deming-Kreis oder PDCA-Zyklus mit den Phasen Plan, Do, Check und Act und greift darüber hinaus teilweise auch auf die gleichen Methoden und Werkzeuge zurück. Der entscheidende Unterschied liegt in den Zielstellungen. Der PDCA-Zyklus ist die Grundlage eines kontinuierlichen Verbesserungsprozesses (KVP) und wird sukzessive im Rahmen des Qualitätsmanagementsystems durchlaufen, um stetig – ggf. kleine – Verbesserungen zu erzielen. Der DMAIC-Zyklus wird dagegen im Rahmen eines Six Sigma-Projektes realisiert, das zeitlich terminiert ist und klar definierte personelle Ressourcen aufweist.

> **Wichtig** Die Six Sigma-Methode ist projektorientiert. Mit dem DMAIC-Zyklus wird ein Ansatz zur systematischen Problemlösung bereitgestellt. Dieser Ansatz

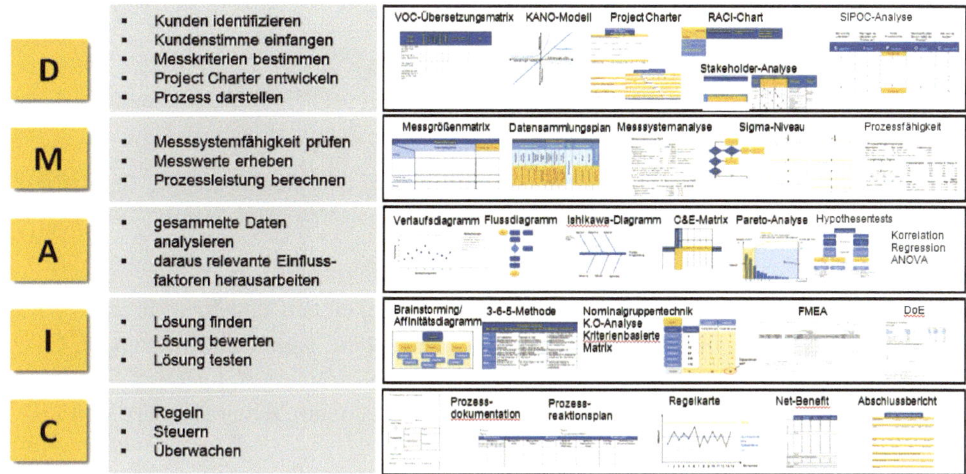

Abb. 4.2 Six Sigma-Werkzeuge

lässt sich im Rahmen der Identifikation von Risikoursachen, des Quantifizierens von Risiken und der Herleitung von Risikominimierungsmaßnahmen verwenden.

4.3 Die Six Sigma-Methode im Risikomanagement

In diesem Abschnitt soll ein an Aufgaben des Risikomanagements angepasster Six Sigma-Ansatz betrachtet werden. Zu den Aufgaben des Risikomanagements lässt sich folgendes zählen:

- Risikoidentifizierung,
- Risikoanalyse,
- Risikobewertung,
- Risikosteuerung und -bewältigung,
- Risikovermeidung bzw. Risikoreduzierung,
- Risikoteilung und Risikoübertragung,
- Risikoannahme,
- Risikoüberwachung.

4.3.1 Define-Phase

Die oben beschriebenen Aufgaben lassen sich natürlich im Rahmen der DMAIC-Phasen bearbeiten. In der Define-Phase eines klassischen Six Sigma-Projektes besteht eine Haupt-

Tab. 4.2 CT-Matrix

VOR	Kernaussage	CTR
Hohe Verluste durch Produktionsfehler	Durch Fehler in der Produktion entstehen Schäden, die reduziert werden müssen	Value-at-Risk
Zu viele Reklamationen	Die Kunden sind unzufrieden und reklamieren daher	Reklamationsquote, Erwartungswert der Reklamationsanzahl

aufgabe – neben formalen Dokumentationen zu Projektablauf und Ressourcen – darin, so genannte VOCs (voices oft the costumer) in messbare Kundenanforderungen CTQs (critical to quality) umzuwandeln. Eine VOC stellt dabei eine ggf. unscharf formulierte Anforderung dar, während CTQ ein messbares Qualitätsmerkmal repräsentiert, siehe [12]. Dies ist nun auf Risikobetrachtungen übertragbar.

Definition Unter VOR (voice of the risk) soll eine ungefilterte Aussage hinsichtlich der Identifikation oder Bewertung eines oder mehrerer Risiken verstanden werden.

Die zugehörigen Risikokennzahlen werden dann als CTRs (critical to risk) bezeichnet.

Im ersten Schritt sind die Risikoeinheiten bzw. Risikoträger zu identifizieren, beispielsweise Prozesse, Produkte oder Organisationseinheiten. VORs beziehen sich auf diese Einheiten. Typischerweise ist das VOR in diesem Stadium noch unpräzise, etwa in der Form von Aussagen wie „die Gewährleistungskosten sind zu hoch", „zu viele Kunden reklamieren" oder „die Betriebsdauer ist zu kurz."

Als Instrument in der Define-Phase wird die CT-Matrix eingesetzt. Diese übersetzt VORs in messbare Zufallsgrößen, die dann CTR genannt werden, siehe Tab. 4.2.

CTQs müssen unter Umständen priorisiert werden. Aus Sicht eines Unternehmens ist es wenig sinnvoll, relativ unbedeutende Risikoanforderungen vorrangig zu erfüllen. Bei der Priorisierung kann die so genannte Kano-Methode hilfreich sein. Ursprünglich wurden dabei Kundenbedürfnisse in 3 Kategorien eingeteilt:

- Grundforderungen (Dissatisfiers, Must Be): Diese Forderungen müssen unbedingt erfüllt werden. Das Erfüllen führt aber nicht zu einer erhöhten Kundenzufriedenheit.
- Leistungsforderungen (Satisfiers, More is better): Der Zufriedenheitsgrad der Kunden verhält sich proportional zum Erfüllungsgrad der Forderungen. Solche Forderungen beseitigen Unzufriedenheit und schaffen Zufriedenheit, sie werden meist explizit vom Kunden genannt.
- Begeisterungsforderungen (Delighters): Diese Forderungen erzeugen höchste Zufriedenheit beim Kunden. Sie werden aber nicht explizit genannt und ihre Nichterfüllung führt nicht zur Unzufriedenheit.

Bei der Anwendung der Six Sigma-Methode im Risikomanagement steht die Erfüllung von Grund- und Leistungsforderungen im Vordergrund.

Ein weiteres Instrument in der Define-Phase kann eine so genannte Stakeholder-Analyse sein. Unter einem Stakeholder werden ein Prozess-/Projektbeteiligter oder eine Interessensgruppe verstanden. Ziel ist es, Unterstützung für das Projekt zu organisieren und eventuell vorhandene Widerstände zu identifizieren und abzubauen.

Am Ende der Define-Phase steht die Erstellung der Project Charter: Die Project-Charter enthält die Rahmenbedingungen und Ziele des Verbesserungsprojekts in komprimierter Form:

Eine Project Charter enthält folgende Inhalte:

- Business Case: Beschreibung der Ist-Situation mit einer Begründung der Notwendigkeit einer Verbesserung.
- Problem Statement: Problembeschreibung.
- Goal Statement: Formulieren von Zielen und Nutzen.
- Project Scope: Beschreiben der Projektgrenzen.
- Team Roles: Benennen des Initiators, Leiters und der Teammitglieder.
- Milestones: Welche Zwischenziele sollen erreicht werden.
- Zeitrahmen: Projekte müssen zeitlich befristet werden.

Oftmals ist SIPOC eine Voraussetzung für die Erstellung der Project Charter.

SIPOC steht für Supplier, Input, Process, Output, Customer. Ziel ist es, Lieferanten, Kunden, Input-, Output-Faktoren sowie den eigentlichen Prozess zusammenfassend darzustellen.

Bei der Formulierung von Zielen ist zu beachten, dass Ziele immer SMART sein müssen. SMART steht dabei für die Attribute spezifisch, messbar, akzeptiert, realistisch und terminiert (befristet).

4.3.2 Die Measure-Phase

In der Measure-Phase werden folgende Aufgaben bearbeitet:

- Datenerhebung, d. h. Messen und Beobachten der relevanten Größen, insbesondere im Hinblick auf die Erfüllung von Anforderungen.
- Gegebenenfalls Überprüfen und Sicherstellung der Messfähigkeit.
- Quantifizierung des in der Ausgangssituation Dargestellten.
- Grafische Analyse und beschreibende Statistik für die zentralen Output-Messgrößen.

> **Wichtig** Grundsätzliche Ziele in der Measure-Phase sind das Erfassen der derzeitigen Leistungsfähigkeit der relevanten Prozesse und das Erkennen der Verbesserungspotentiale.
> Im Ergebnis liegt eine quantitative Problembeschreibung auf der Grundlage der ermittelten Daten vor.

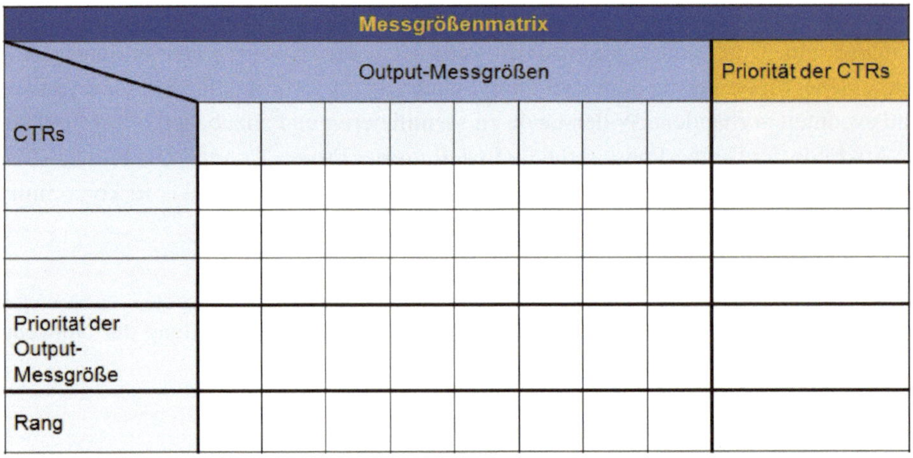

Messgrößenmatrix									
	Output-Messgrößen								Priorität der CTRs
CTRs									
Priorität der Output-Messgröße									
Rang									

Abb. 4.3 Messgrößenmatrix

> Hauptaufgabe der Measure-Phase sind somit die Risikobeschreibung und -bewertung.

Als Ergebnis der Define-Phase liegen die CTRs vor. In der Measure-Phase werden zunächst Soll- und Zielwerte sowie Spezifikationsgrenzen für diese Größen ermittelt. In einem klassischen Six Sigma-Projekt erfolgt dies mittels eines so genannten CTQ Trees.

Ein wichtiges Instrument der Measure-Phase stellt dann die Messgrößenmatrix dar, vgl. Abb. 4.3 und Tab. 4.3. Den ermittelten CTRs werden konkrete Output-Messgrößen gegenübergestellt, falls die CTRs nicht direkt gemessen werden können. In der Matrix werden dann die Korrelationen symbolisch bzw. kodiert dargestellt: 0: keine, 1: schwache, 3: mittlere und 9 starke Korrelation. Diese Vorgehensweise orientiert sich an der Quality Function Deployment-Methode, siehe auch [17]. Wurden die CTRs priorisiert, so kann die Bedeutung der Output-Messgrößen als Summe der Gewichte multipliziert mit den Korrelationen bestimmt werden.

Tab. 4.3 Messgrößenmatrix

CTR	Output-Messgrößen			Gewicht
	Schadenshöhe (monatlich)	Anzahl der Reklamationen (monatlich)	Anzahl der Aufträge (monatlich)	
VaR	9	1	1	5
TVaR	9	1	1	10
Reklamationsquote	0	9	9	1
Bedeutung	135	24	24	

Tab. 4.4 Schadenshöhen

570	1080	266	544
624	582	734	730
906	733	594	671
580	1086	489	359
1018	644	869	1442

Der Datensammelplan – oftmals in Verbindung mit der so genannten operationalen Definition – legt fest, wie und welche Daten zu erheben sind.

Liegen die benötigten Daten vor, so ist eine Risikobeschreibung möglich. Im Rahmen eines Six Sigma-Projektes kann dies über die Bestimmung des Sigma-Niveaus erfolgen.

Die Bestimmung des Sigma-Niveaus als Maß für die Prozessfähigkeit wurde in Abschn. 4.1 diskutiert.

Weitere Kennzahlen sind natürlich Risikomaße wie Value-at-Risk oder Tail Value-at-Risk. Conditional Tail Expectations bezüglich der Grenzen USG, OSG

$$\begin{aligned}\mathrm{CTE}_{\mathrm{OSG}}(V) &= E(V|V > \mathrm{OSG}) \text{ bzw. } -\mathrm{CTE}_{-\mathrm{USG}}(-V) = -E(-V|-V > -\mathrm{USG}) \\ &= E(V|V < \mathrm{USG})\end{aligned}$$

liefern eine Risikoeinschätzung für dem Fall, dass Toleranzgrenzen über- bzw. unterschritten werden.

> **Wichtig** Die Risikobewertung in der Measure-Phase erfolgt mit dem Sigma-Niveau und mit Risikomaßen.

Beispiel

Tab. 4.4 enthält 20 erfasste Schadenshöhen zu einer Zufallsgröße V. Ein Schaden wird akzeptiert, wenn er unterhalb der Grenze OSG $= 1650$ bleibt. Das Risiko soll mittels des Sigma-Niveaus und CTE_{1650} beschrieben werden.

Zunächst kann von der Weibull-Verteilung ausgegangen. Für die Verteilungsparameter erhalten wir die Maximum-Likelihood-Schätzer $b = 2{,}85$ und $a = 815$, vgl. Abb. 4.4. Mit diesen Parametern wird nun $P(V > 1650) = \exp\left(-\left(\frac{1650}{815}\right)^{2{,}85}\right) = 0{,}000573$ bestimmt. Hieraus resultiert ppm $= 573$. Für das Sigma-Niveau gilt dann: $\sigma_N = 3{,}25$, siehe [12].

Die Conditional Tail Expectation kann einfach mittels Zufallszahlen berechnet werden. Mit der R-Funktion *rweibull* erzeugen wir 100.000 Zufallszahlen: rweibull(100.000, 2,85, 815).

Von den erzeugten Zufallszahlen sind 54 größer als 1650. Der Mittelwert dieser Zufallszahlen ist 1734. Somit wird die Conditional Tail Expectation durch $\mathrm{CTE}_{1650} = 1734$ geschätzt.

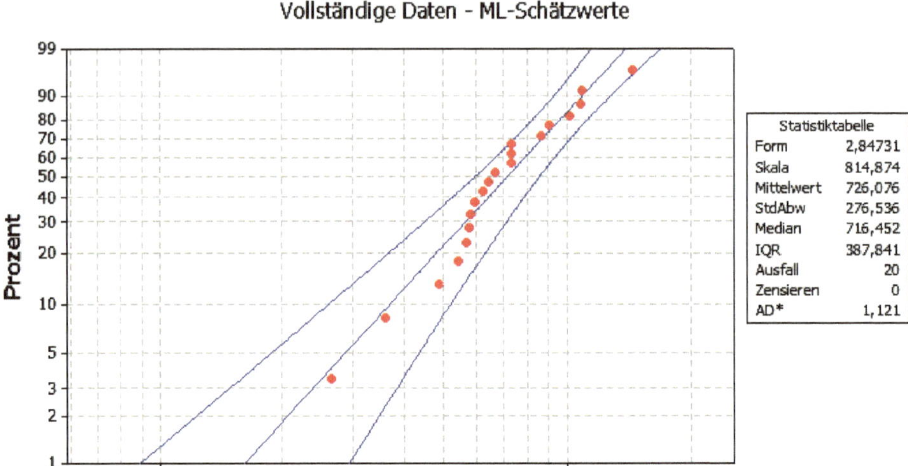

Abb. 4.4 Weibull-Verteilung für die Werte aus Tab. 4.4

4.3.3 Die Analyze-Phase

Grundlegende Aufgaben sind hier die Risikoanalyse, insbesondere die Analyse von relevanten Daten und Prozessen sowie das Ermitteln von Grundursachen für Risiken. Im Idealfall können in der Analyse-Phase auch schon Verbesserungsmöglichkeiten quantifiziert werden.

In einem klassischen Six Sigma-Projekt erfolgt eine Ursachenanalyse zunächst mit recht einfachen Instrumenten wie dem Ishikawa-Diagramm, den Five Whys-Fragen oder einer Pareto-Analyse, welche im Six Sigma-Umfeld auch als Bestimmen der Vital Few X bezeichnet wird. Diese Kreativitätsmethoden stehen am Anfang einer Ursachenanalyse. Auf eine weitergehende Darstellung soll verzichtet werden; es sei auf [12] verwiesen.

In der Analyze-Phase kommen insbesondere statistische Methoden zum Einsatz, die hier diskutiert werden sollen.

Hypothesentests spielen eine wichtige Rolle bei der Einschätzung von Schadenshöhen oder der Häufigkeit von Risikoereignissen.

4.3.3.1 Hypothesentests zur Risikobewertung

Grundsätzlich soll zunächst die Frage beantwortet werden, ob aufgrund der vorliegenden Stichprobe von einer bestimmten Lage eines Verteilungsparameters ausgegangen werden kann. Im Zusammenhang mit der Risikomodellierung beziehen sich diese Parameter auf den Erwartungswert und die Streuung, beispielsweise einer Schadenshöhe sowie auf Eintrittswahrscheinlichkeiten von Risikoereignissen.

Zur Beantwortung der genannten Fragestellung werden so genannte statistische Hypothesen formuliert. Diese Hypothesen beziehen sich stets auf die Grundgesamtheit aller Merkmalsträger und nicht auf die Stichprobe. Hypothesen werden immer in Form einer Null- und einer Alternativhypothese formuliert. Die Nullhypothese H_0 enthält in der Regel Gleichheit oder schließt zu untersuchende Effekte aus. Demgegenüber enthält die Alternativhypothese (mit H_1 oder H_A bezeichnet) alle anderen Fälle.

Beispiel

Wir betrachten die Schadenshöhen aus Tab. 4.4. Der Erwartungswert der Schadenshöhe V sei mit $E(V) = \mu$ bezeichnet.

Im Zusammenhang mit diesen Schadenshöhen, die beispielsweise für eine bestimmte Schadensart stehen, stellt sich die Frage, ob aufgrund der Stichprobenwerte davon ausgegangen werden kann, ob die mittlere (erwartete) Schadenshöhe maximal 650 € beträgt.

Die statistischen Hypothesen sind dann durch

$$H_0\colon\ \mu \leq 650 \text{ und } H_1\colon\ \mu > 650$$

gegeben.

Die Frage nach einer mittleren Mindestschadenshöhe von 950 € wird mit den Hypothesen

$$H_0\colon\ \mu \geq 950 \text{ und } H_1\colon\ \mu < 950$$

behandelt.

Wie oben beschrieben, enthalten die Nullhypothesen stets die Gleichheit.

Auf Grundlage der Stichprobe bzw. einer hieraus resultierenden Testgröße wird eine Entscheidung zugunsten einer der beiden Hypothesen getroffen. Dabei ist zu beachten, dass diese Entscheidung zufällig ist, da sie auf einer zufälligen Stichprobe basiert, und damit zu Fehlern führen kann.

► **Wichtig** Bei der Testentscheidung sind 2 verschiedene Fehler möglich:
Fehler 1. Art:
Dieser Fehler tritt auf, wenn die korrekte Nullhypothese fälschlicherweise abgelehnt wird. Die Wahrscheinlichkeit, einen solchen Fehler zu begehen, wird als Signifikanzniveau α bezeichnet und sollte zwischen 1 % und 10 % liegen, d. h. $0{,}01 \leq \alpha \leq 0{,}1$. Oft wird standardmäßig $\alpha = 0{,}05$ verwendet.
Da die Nullhypothese oftmals den Fall beschreibt, dass kein Fehler, kein Problem oder keine Störung auftritt, wird der Fehler 1. Art häufig auch als blinder Alarm bezeichnet.

Fehler 2. Art:
Bei einem Fehler 2. Art wird die falsche Nullhypothese fälschlicherweise angenommen bzw. die korrekte Alternativhypothese abgelehnt. Die Wahrscheinlichkeit für einen solchen Fehler wird mit β bezeichnet und muss auf jeden Fall kleiner oder gleich 20 % sein, d. h. $\beta \leq 0{,}2$.
In Analogie zu der obigen Beschreibung des Fehlers 1. Art wird der Fehler 2. Art dann auch als unterlassener Alarm bezeichnet.
Das Signifikanzniveau wird – wie beschrieben – vorgegeben. Die Wahrscheinlichkeit für den Fehler 2. Art sinkt mit steigendem Stichprobenumfang und lässt sich nur über diesen steuern.

4.3.3.1.1 Mittelwert- bzw. Erwartungswerttests

Bei einem Mittelwerttest lautet das zweiseitige Testproblem in allgemeiner Form

$$H_0\colon\ \mu = \mu_0 \text{ und } H_1\colon\ \mu \neq \mu_0. \tag{4.4}$$

μ_0 wird als Hypothesenmittelwert bezeichnet. Die „Einseitigkeit" des Testproblems bezieht sich auf der Alternativhypothese, die nur auf einer Seite der Nullhypothese liegt.

Die zweiseitigen Testprobleme sind ganz offensichtlich durch

$$H_0\colon\ \mu \geq \mu_0 \text{ und } H_1\colon\ \mu < \mu_0 \text{ bzw. } H_0\colon\ \mu \leq \mu_0 \text{ und } H_1\colon\ \mu > \mu_0 \tag{4.5}$$

gegeben.

Bei der Auswahl der korrekten Tests sind gewisse Voraussetzungen zu beachten: Ist der Stichprobenmittelwert normalverteilt – dies ist der Fall, wenn die betrachtete Zufallsgröße selbst normalverteilt ist oder wenn der Stichprobenumfang mindestens dreißig beträgt, so dass der zentrale Grenzwertsatz angewendet werden kann, so wird korrekterweise der t-Test angewendet, siehe [8] und [19].

Ist die Streuung der Zufallsgröße bekannt, kann der z- oder Gauß-Test angewendet werden. Allerdings macht es wenig Sinn, bei einer praktischen Anwendung einen Hypothesentest zur Lage des Erwartungswerts durchzuführen und dabei die Kenntnis der komplexeren Streuung vorauszusetzen. Eine Anwendung des Gauß-Tests bei praktischen Fragestellungen kann daher weitgehend ausgeschlossen werden.

Softwarepakete wie Minitab, R oder JMP liefern als Ergebnis eines Tests den so genannten p-Wert. Die Testentscheidung hängt vom p-Wert und vom Signifikanzniveau α ab. Die praktische Umsetzung der Tests mit Minitab und JMP wird in [19] beschrieben.

► **Wichtig: Testentscheidung**

$p < \alpha$: Die Nullhypothese wird abgelehnt;
$p \geq \alpha$: Die Nullhypothese wird angenommen.

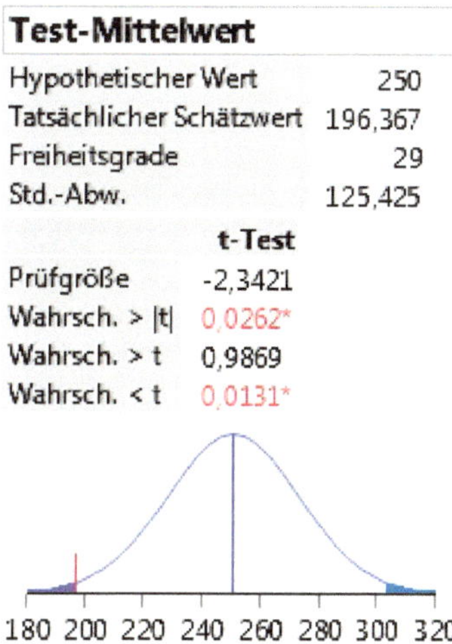

Abb. 4.5 t-Test für die Gewährleistungskosten aus Tab. 3.5

Beispiel

Wir betrachten Gewährleistungskosten aus Tab. 3.5. Es soll getestet werden, ob die Kosten maximal 250 € betragen.

Ganz offensichtlich wird das Testproblem durch die Hypothesen

$$H_0\colon\ \mu \leq 250 \text{ und } H_1\colon\ \mu > 250$$

bestimmt.

Allerdings sind die Daten nicht normalverteilt. Um den zentralen Grenzwertsatz anwenden zu können werden daher die Kosten für fünf zusätzliche Gewährleistungsfälle ermittelt:

$$180, 221, 200, 210 \text{ und } 245.$$

Die Resultate für das Testproblem können Abb. 4.5 entnommen werden. Der t-Test wurde mit JMP umgesetzt. Für das obige Testproblem erhält man den p-Wert $p = 0{,}9869$. Die Nullhypothese kann somit nicht abgelehnt werden. Es darf davon ausgegangen werden, dass die Gewährleistungskosten maximal 250 € betragen.

Ist der Stichprobenumfang geringer als dreißig und liegt keine Normalverteilung, so kann nur der nicht-parametrische Wilcoxon-Test angewendet werden. Bei einem solchem nichtparametrischen Test wird auf jegliche Verteilungsannahmen verzichtet. Die Stichprobenwerte werden durch ihre Rangzahlen ersetzt, so dass sich die Testhypothesen statt auf den Erwartungswert eigentlich auf den Median beziehen. Die praktische Umsetzung des Wilcoxon-Tests erfordert Statistik-Software.

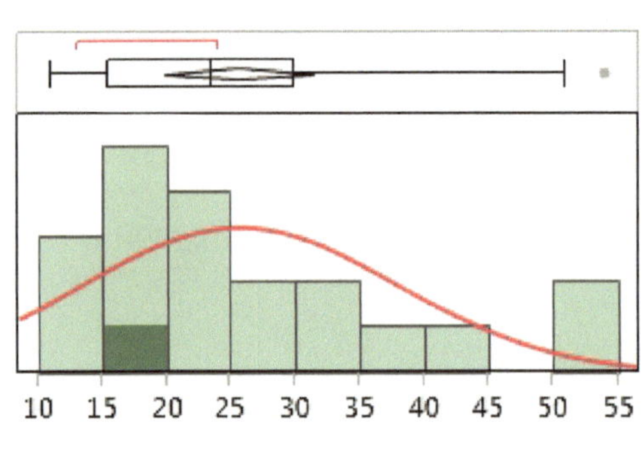

Test-Mittelwert

Hypothetischer Wert	27
Tatsächlicher Schätzwert	25,6
Freiheitsgrade	19
Std.-Abw.	12,2921

	t-Test	Vorzeichen-Rang
Prüfgröße	-0,5094	-27,0000
Wahrsch. > |t|	0,6164	0,3248
Wahrsch. > t	0,6918	0,8376
Wahrsch. < t	0,3082	0,1624

20 25 30 35

Abb. 4.6 Wilcoxon-Test für die Stillstandszeiten aus Tab. 3.4

Beispiel

Wir betrachten die Stillstandszeiten aus Tab. 3.4. Es soll getestet werden, ob die mittlere Stillstandszeit 26 Minuten überschreitet.

Das Testproblem lautet

$$H_0\colon\ \mu \leq 26 \text{ und } H_1\colon\ \mu > 26.$$

Nach Abb. 4.6 (links) kann nicht von Normalverteilung ausgegangen werden. Der Wilcoxon-Test liefert $p = 0{,}8376$, so dass nicht davon ausgegangen werden kann, dass die mittlere Stillstandszeit 26 Minuten überschreitet.

4.3.3.1.2 Anpassungstests

Ganz offensichtlich ist bei der Auswahl des richtigen Mittelwerttests die Frage nach der Normalverteilung entscheidend, zumindest dann, wenn weniger als 30 Werte vorliegen.

Mit einem so genannten Anpassungstest – oder goodness of fit-Test – kann nun getestet bzw. überprüft werden, ob eine bestimmte Verteilung vorliegt oder nicht. Das Vorliegen der untersuchten Verteilung wird als Nullhypothese formuliert. Zum Testen auf Normalverteilung wird standardmäßig oft der Shapiro-Wilk-Test verwendet, der auf der Korrelation zwischen empirischen und theoretischen Werten basiert. Bei einem sehr großen Stichprobenumfang von mehr als 2000 Werten ist der Kolmogorov-Smirnov-Test sinnvoll. In JMP wird dieser Test bei einem entsprechend großen Stichprobenumfang automatisch durchgeführt. Ein Anpassungstest bezüglich weiterer Verteilungen ist beispielsweise der Cramer-von-Mises-Test. Eine ausführliche Darstellung verschiedener Anpassungstests ist in [16] zu finden.

Anpassungstest		
Shapiro-Wilk-W-Test		
	W	**Wahrsch. < W**
	0,904443	0,0108*
Hinweis: Ho = Die Daten stammen aus der Normal-Verteilung. Kleine p-Werte weisen Ho zurück.		

Anpassungstest		
Cramer-von-Mises-W-Test		
	W-Quadrat	**Wahrsch. > W^2**
	0,049333	> 0,2500
Hinweis: Ho = Die Daten stammen aus der Weibull-Verteilung. Kleine p-Werte weisen Ho zurück.		

Abb. 4.7 Anpassungstests auf Normalverteilung (*links*) und Weibull-Verteilung (*rechts*)

Beispiel

Wir betrachten wiederum die Gewährleistungskosten aus Tab. 3.5 und die 5 zusätzlichen Werte aus dem Beispiel in Abschn. 4.3.3.1.1.

Abb. 4.7 enthält die p-Werte der Anpassungstests auf eine Normal- bzw. Weibull-Verteilung. Im Falls des Tests auf Normalverteilung deutet $p = 0{,}0108$ darauf hin, dass eher keine Normalverteilung vorliegt. Der Test auf Vorliegen einer Weibull-Verteilung mit $p = 0{,}25$ führt zu dem klaren Ergebnis, dass eine Weibull-Verteilung angenommen werden kann.

4.3.3.1.3 Binomial- und Varianztest

Erfolgs- bzw. Misserfolgswahrscheinlichkeiten, beispielsweise im Sinne einer Fehler-, Reklamations- oder Stornierungsquote, werden im Risikomanagement häufig betrachtet.

Da die Anzahl der Erfolge – bzw. der Fehler, Reklamationen – bei gegebenem Stichprobenumfang binomialverteilt ist, wird bei Tests der Binomialtest angewendet.

Für die Erfolgswahrscheinlichkeit p lässt sich nun beispielsweise das einseitige Problem

$$H_0\colon\ p \leq p_0 \text{ und } H_1\colon\ p > p_0 \tag{4.6}$$

formulieren.

Beim Varianztest wird ganz offensichtlich die Varianz der interessierenden Zufallsgröße untersucht. Das zweiseitige Testproblem ist in der Form

$$H_0\colon\ \sigma^2 = \sigma_0^2 \text{ und } H_1\colon\ \sigma^2 \neq \sigma_0^2$$

gegeben. Da die Varianz nie kleiner als Null sein kann, entspricht das obige Testproblem einem Test bezüglich der Standardabweichung in der Form

$$H_0\colon\ \sigma = \sigma_0 \text{ und } H_1\colon\ \sigma \neq \sigma_0.$$

Auf eine detaillierte Darstellung der Tests soll an dieser Stelle verzichtet werden. Es sei insbesondere auf [19] und auch [16] verwiesen.

4.3.3.1.4 Testprobleme bei zwei Stichproben

Bei Testproblemen bei zwei Stichproben werden die Mittelwerte, Varianzen oder Erfolgswahrscheinlichkeiten zweier Stichproben verglichen. Der Einfachheit halber sollen hier nur zweiseitige Tests betrachtet werden.

Beim Vergleich zweier Mittel- bzw. Erwartungswerte – der theoretische Mittelwert der ersten Stichprobe sei μ_1 und derjenige der zweiten sei μ_2 – lautet das Testproblem dann

$$H_0\colon \mu_1 = \mu_2, \ H_1\colon \mu_1 \neq \mu_2. \tag{4.7}$$

Bei der Auswahl des korrekten Tests sind folgende Fälle zu unterscheiden:

Fall 1.) Für beide Stichproben liegt Normalverteilung vor und die Varianz ist in beiden Fällen gleich. In diesem Fall wendet man den so genannten 2-Stichproben-t-Test an.

Fall 2.) Für beide Stichproben liegt Normalverteilung vor, aber die beiden Varianzen sind verschieden. In diesem Fall wendet man den so genannten Welch-Test an, der auch als 2-Stichproben-t-Test mit Welch-Korrektur bezeichnet wird.

Bei beiden Fällen kann unter Ausnutzung des zentralen Grenzwertsatzes auf die Normalverteilung in einer Stichprobe verzichtet werden, wenn diese mindestens dreißig Werte umfasst.

Um auf einen Varianzvergleichstest verzichten zu können, ist es durchaus empfehlenswert, den Welch-Test standardmäßig durchzuführen.

Beim Vergleich von Erfolgswahrscheinlichkeiten oder Anteilen wird der 2-Stichproben-Binomialtest angewendet. Das Testproblem lautet dann

$$H_0\colon p_1 = p_2, \ H_1\colon p_1 \neq p_2. \tag{4.8}$$

Beispiel

Tab. 4.5 enthält die Reklamationen, die bei in zwei verschiedenen Fertigungslinien bearbeiteten Aufträgen entstanden sind. Für jede Linie werden dreißig Aufträge betrachtet. Es ist zu untersuchen, ob sich die Reklamationsanteile beider Linien signifikant unterscheiden.

Offensichtlich ist das Testproblem aus (4.8) gegeben.

Wir wenden den 2-Stichproben-Binomialtest mit Minitab an: Über „Statistik“, „Statistische Standardverfahren“ gelangt man direkt zu „Test von Anteilen, 2 Stichproben“. Als Ergebnis erhalten wir $p = 0{,}687$, vgl. Abb. 4.8. Dies bedeutet, dass die Nullhypothese anzunehmen ist und somit kein signifikanter Unterschied in den Reklamationsanteilen beider Linien vorliegt.

► **Wichtig** Statistische Tests dienen insbesondere der Risikobewertung. Hierfür werden Lageparameter von Risiken untersucht und Risiken unterschiedlicher Herkunft bzw. Ursache verglichen.

Tab. 4.5 Reklamationen bei Produkten zweier Fertigungslinien („1“: Reklamation; „0“: keine Reklamation)

Linie A	Linie B
0	0
0	0
0	0
1	0
0	1
0	0
0	0
0	0
0	0
1	1
0	0
0	0
1	1
0	0
0	0
0	0
0	0
0	0
0	0
0	0
0	0
0	0
0	0
1	0
0	0
0	0
0	0
0	0
0	0
0	0
0	0

4.3.3.2 Lineare Modelle zur Identifikation von Risikoursachen

Unter dem Begriff „lineare Modelle“ werden die Varianzanalyse (ANOVA) und die Regressionsanalyse zusammengefasst. Beide Methoden untersuchen und modellieren den Einfluss mehrerer potenzieller Einflussfaktoren auf eine metrisch skalierte Zielgröße.

► **Wichtig** Mittels eines linearen Modells kann der Einfluss von Risikoursachen auf Risikokennzahlen bzw. Risikomaße beschrieben und modelliert werden.

```
Test von Anteilen und KI bei zwei Stichproben: Linie A; Linie B

Ereignis = 1


Variable    X   N  p(Stichprobe)
DLZ Rep 1   4  30       0,133333
DLZ Rep 2   3  30       0,100000


Differenz= p (DLZ Rep 1) - p (DLZ Rep 2)
Schätzwert für Differenz: 0,0333333
95%-KI für Differenz:  (-0,128904; 0,195571)
Test auf Differenz = 0 (vs. nicht = 0): z = 0,40  p-Wert = 0,687
```

Abb. 4.8 2-Stichproben-Binomialtest für Tab. 4.5

Im Fall der Regression liegen die potenziellen Risikoursachen in Form von metrisch skalierten Faktoren vor. Im Fall der Varianzanalyse wird der Einfluss kategorialer Faktoren untersucht und modelliert.

Zunächst soll der Fall der einfachen linearen Regression betrachtet werden.

Hier wird der Einfluss eines metrischen Faktors X auf die metrische Zielgröße Y untersucht.

Der theoretische Zusammenhang der beiden Größen ist durch

$$Y = \alpha + \beta X + \varepsilon \tag{4.9}$$

gegeben, wobei ε eine zufällige Störgröße darstellt. Die Koeffizienten α, β sind unbekannt und müssen auf der Grundlage von Stichprobenwerten x_i und y_i geschätzt werden.

Dies führt dann zum Regressionsmodell bzw. im Fall der einfachen Regression zu der Regressionsgeraden

$$y = a + bx \tag{4.10}$$

mit den Regressionskoeffizienten a und b.

Die Bestimmung der beiden Parameter erfolgt mit der Methode der kleinsten Quadrate (MKQ) nach Carl Friedrich Gauß (1777–1855). Um ein Ausgleichen positiver und negativer Fehlerwerte zu verhindern, werden a und b so bestimmt, dass die Summe der quadratischen Abweichungen zwischen den gegebenen Werten und den Modellwerten minimal wird.

Auf eine Herleitung soll an dieser Stelle verzichtet werden. Es sei auf [16] verwiesen.

Die Bestimmung einer Regressionsgerade ist ganz offensichtlich für beliebige Zahlenpaare (x_i, y_i) möglich, auch dann wenn keinerlei linearer Zusammenhang besteht.

Die Güte eines Regressionsmodells wird mit dem Bestimmtheitsmaß R^2 beschrieben, welches durch den Quotienten aus der Streuung der Modellwerte und der Messwerte gegeben ist.

Hinsichtlich der Einschätzung der Modellgüte können die folgenden Regeln verwendet werden:

$R^2 = 1$:	Alle y-Werte liegen auf der Regressionsgerade, alle Residuen sind gleich Null. Es liegt somit ein ideales Modell vor.
$0{,}9 \leq R^2 < 1$:	Es kann von einem sehr guten Modell ausgegangen werden. Mindestens 90 % der Variabilität der Daten werden erklärt.
$0{,}7 \leq R^2 < 0{,}9$:	Es liegt ein akzeptables bis gutes Modell vor.
$R^2 < 0{,}7$:	Das Modell kann in der Regel nicht verwendet werden.

Bei der multiplen linearen Regression werden k metrisch skalierte Einflussfaktoren $X_1, \ldots, X_k$ betrachtet, deren Einfluss auf die Zielgröße Y zu modellieren ist.

Analog zur einfachen Regression erfolgt die Bestimmung der Regressionskoeffizienten mit der Methode der kleinsten Quadrate. Allerdings sind jetzt zusätzlich Wechselwirkungen, d. h. die Produkte der einzelnen Faktoren zu berücksichtigen. Im Unterschied zur einfachen Regression kann ein multiples Regressionsmodell überflüssige, nicht-signifikante, Faktoren enthalten. Für jeden Faktor und jede Wechselwirkung wird ein Testproblem betrachtet, wobei die Nullhypothese den Fall beschreibt, dass der Faktor die Zielgröße Y nicht beeinflusst.

► **Wichtig: Modellvoraussetzungen der linearen Regression** Die Kleinste-Quadrate-Methode kann unabhängig von Verteilungsannahmen durchgeführt werden. Für weitergehende Tests sind allerdings normalverteilte und voneinander unabhängige Residuen erforderlich. Diese Voraussetzungen können grafisch überprüft werden.

Die Modellvoraussetzungen lassen sich grafisch überprüfen, siehe Abb. 4.9.

Beispiel

Wir betrachten die Daten aus Tab. 4.6. Es ist zu untersuchen, ob und inwieweit die Standzeit einer Maschine (in Minuten) von den jährlichen Wartungsausgaben (in Euro) und dem Alter der Maschine abhängt.

Mit einem Statistik-Softwarepaket kann eine Regressionsanalyse auf einfache Art und Weise umgesetzt werden.

Zunächst überprüfen wir die Modellvoraussetzungen mit Hilfe von Abb. 4.9. Die beiden Abbildungen auf der linken Seite begründen die Annahme normalverteilter Residuen. Die Bilder auf der rechten Seite weisen auf Grund der Strukturlosigkeit auf die Unabhängigkeit der Residuen hin. Die Ergebnisse der Analyse sind in Abb. 4.10 zu finden. Das Bestimmtheitsmaß $R^2 = 0{,}982$ weist auf ein sehr gutes Modell hin. Bei den Signifikanztests bezüglich der beiden Faktoren und der Wechselwirkung gilt stets $p = 0$, so dass ein signifikanter Einfluss auf die Zielgröße besteht.

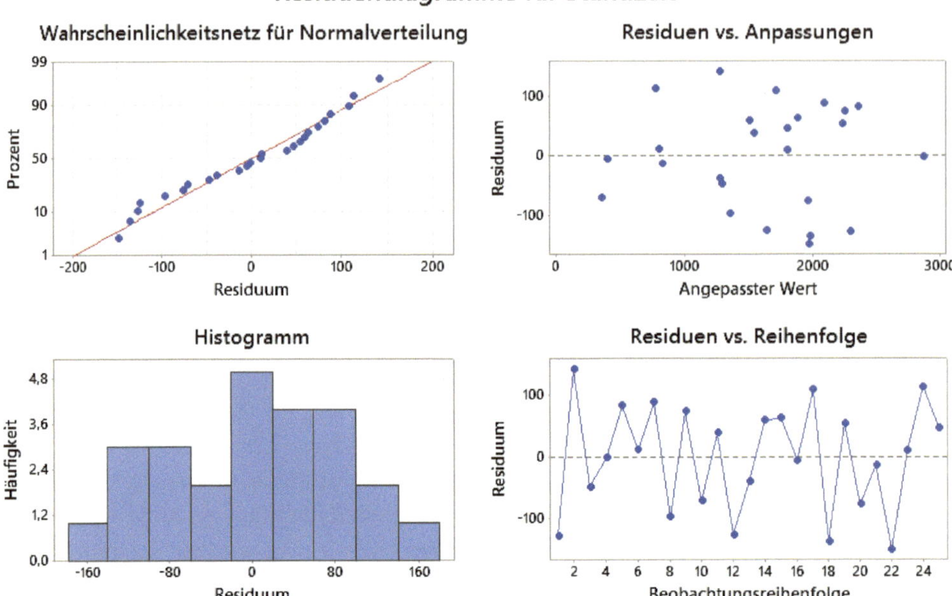

Abb. 4.9 Grafische Überprüfung der Voraussetzungen

Bei der Varianzanalyse wird untersucht, ob und inwieweit einer oder mehrere kategoriale Faktoren eine metrisch skalierte Zielgröße beeinflussen. ANOVA ist ein Akronym der englischen Bezeichnung analysis of variance.

Analog zur Regression spricht man von der einfaktoriellen oder einfachen ANOVA, falls nur ein potenzieller Einflussfaktor betrachtet wird; ansonsten von einer mehrfaktoriellen Varianzanalyse. Zunächst soll nun der Fall der einfaktoriellen ANOVA betrachtet werden, wobei der kategoriale Einflussfaktor X in k Ausprägungen $X_1, \ldots, X_k$ vorliegt. Mit

$$\mu_i = E(Y|X = X_i)$$

sei der Erwartungswert der Zielgröße Y bezeichnet, wenn X in Ausprägung X_i vorliegt

Gibt es keine signifikanten Unterschiede in diesen Erwartungswerten, dann hat der Faktor X offensichtlich keinen Einfluss auf die Zielgröße Y.

Die Varianzanalyse lässt sich somit auf das Testproblem

$$H_0\colon\ \mu_1 = \ldots = \mu_k \text{ und } H_1\colon \text{ mindestens zwei Erwartungswerte sind verschieden} \tag{4.11}$$

reduzieren. Wird diese Nullhypothese abgelehnt, so beeinflusst der Faktor X die Zielgröße.

Tab. 4.6 25 Produktionsanlagen

Standzeit	Wartung	Alter	A_Kat	W_Kat
2159	1088	9	1	1
1410	1846	9	1	2
1241	2021	4	0	3
2867	505	7	1	0
2435	993	8	1	0
813	2720	3	0	3
2175	1107	4	0	1
1260	1679	14	2	2
2320	1031	6	1	1
284	2260	13	2	3
1576	1702	6	1	2
1514	1569	9	1	2
1234	2233	2	0	3
1563	1705	7	1	2
1940	1369	5	0	1
391	2155	15	2	2
1819	1519	8	1	1
1842	1264	5	0	1
2281	1154	10	1	1
1881	1291	5	0	1
815	2721	3	0	3
1822	1233	3	0	1
1813	1450	4	0	1
886	2110	11	2	3
1847	1450	5	0	1

Die Testgröße und damit die Varianzanalyse beruhen auf einer Streuungszerlegung. Die totale Streuung wird in die Streuung innerhalb der Ausprägungen (Innerhalb-Streuung) und die Streuung zwischen den Mittelwerten der Ausprägungen (Zwischen-Streuung) zerlegt. Falls der betrachtete Faktor Einfluss auf die Zielgröße hat, so unterscheiden sich natürlich die Mittelwerte. Dies bedeutet, dass die Zwischen-Streuung groß ist im Vergleich zur Innerhalb-Streuung. Als Testgröße wird folglich der Quotient aus Zwischen- und Innerhalb-Streuung verwendet. Unter gewissen Modellvoraussetzungen (siehe unten) folgt diese Testgröße der so genannten F-Verteilung, benannt nach Ronald Fisher. Dieser entwickelte die Varianzanalyse in den 1920er Jahren des letzten Jahrhunderts für landwirtschaftliche Anwendungen. Der zugehörige Test wird auch als F-Test bezeichnet.

Bei einer mehrfaktoriellen ANOVA ergeben sich mehrere Testprobleme. Der Einfachheit halber sei dies für eine zweifaktorielle Varianzanalyse dargestellt. In diesem Fall betrachtet man drei Testprobleme mit den Nullhypothesen

```
Regressionsanalyse: Standzeit vs. Wartung; Alter

Quelle              DF   Kor SS   Kor MS  F-Wert  p-Wert
Regression           3  9572104  3190701  382,51   0,000
  Wartung            1   305694   305694   36,65   0,000
  Alter              1   290063   290063   34,77   0,000
  Wartung*Alter      1   555342   555342   66,58   0,000
Fehler              21   175170     8341
Gesamt              24  9747274

Zusammenfassung des Modells

      S    R-Qd  R-Qd(kor)  R-Qd(prog)
91,3315  98,20%     97,95%      97,55%

Koeffizienten

Term                Koef  SE Koef  t-Wert  p-Wert    VIF
Konstante           2497      155   16,06   0,000
Wartung          -0,4754   0,0785   -6,05   0,000   5,34
Alter              139,7     23,7    5,90   0,000  21,54
Wartung*Alter    -0,0973   0,0119   -8,16   0,000  26,78

Regressionsgleichung

Standzeit = 2497 - 0,4754 Wartung + 139,7 Alter - 0,0973 Wartung*Alter
```

Abb. 4.10 Ergebnisse der Regressionsanalyse

- Faktor 1 hat keinen Einfluss;
- Faktor 2 hat keinen Einfluss;
- Es gibt keine Wechselwirkung zwischen den beiden Faktoren.

Werden mehr als zwei Faktoren betrachtet, so erhöht sich die Anzahl der Testprobleme entsprechend.

Modellvoraussetzung sind normalverteilte Residuen, gleiche Streuungen für die Ausprägungen bzw. Ausprägungskombinationen und eine unabhängige Stichprobe. Analog zur Regression lassen sich diese Voraussetzungen wieder grafisch überprüfen.

Beispiel

Wir betrachten wieder Tab. 4.6. Nun ist der Einfluss der kategorialen Faktoren A_Kat („0“ steht für ein Alter bis zu 5 Jahren, „1“ für ein Alter zwischen 6 und 10 Jahren und „2“ für ein Alter zwischen 11 und 15 Jahren) und W_Kat („0“: Wartungsausgaben bis 1000 €, „1“: Wartungsausgaben zwischen 1001 € und 1500 €, „2“: Wartungsausgaben zwischen 1501 € und 2000 €, „3“. Wartungsausgaben über 2000 €) auf die Zielgröße Standzeit zu modellieren.

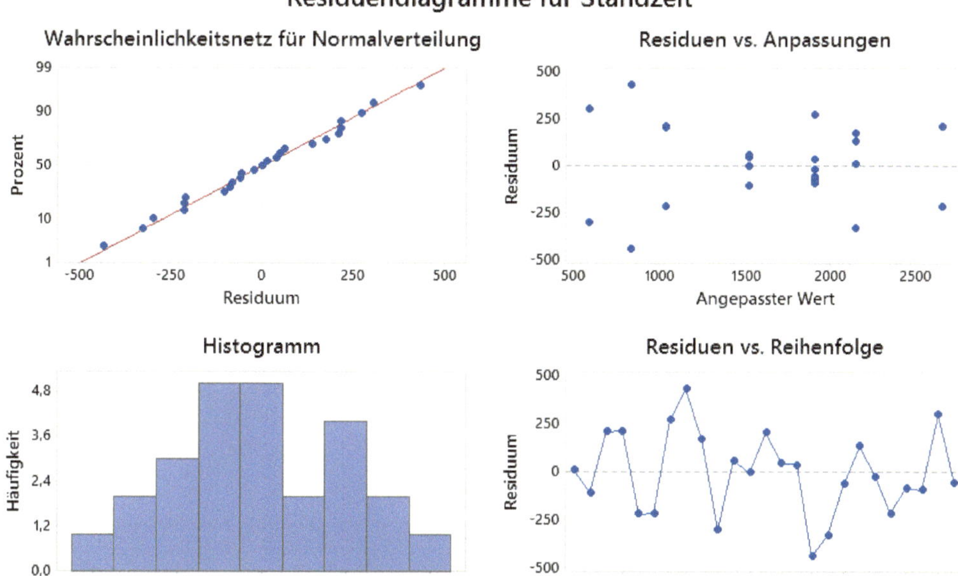

Abb. 4.11 Überprüfung der ANOVA-Voraussetzungen

Varianzanalyse

Quelle	DF	Kor SS	Kor MS	F-Wert	p-Wert
A_Kat	2	1042976	521488	9,00	0,002
W_Kat	3	3886555	1295518	22,35	0,000
Fehler	19	1101097	57952		
Fehlende Anpassung	1	26	26	0,00	0,984
Reiner Fehler	18	1101071	61171		
Gesamt	24	9747274			

Zusammenfassung des Modells

S	R-Qd	R-Qd(kor)	R-Qd(prog)
240,733	88,70%	85,73%	74,62%

Abb. 4.12 ANOVA-Ergebnisse

Die zweifaktorielle ANOVA kann wiederum einfach mittels Statistik-Software umgesetzt werden. Abb. 4.11 bestätigt die Modellvoraussetzungen.

Die Modellierungsergebnisse können Abb. 4.12 entnommen werden: Die p-Werte zeigen, dass beide Faktoren die Standzeit signifikant beeinflussen.

Aufgrund des für eine Varianzanalyse hohen p-Wertes $p = 0{,}887$ sind die Gruppenmittelwerte zur Vorhersage der jeweiligen Standzeit geeignet.

Bei der Regression und auch der Varianzanalyse wird eine metrisch skalierte Zielgröße betrachtet. Gerade im Risikomanagement sind aber auch dichotome oder binäre Zielgrößen I von großer Bedeutung. Beispielsweise nimmt eine solche Größe den Wert 1 an, wenn ein bestimmtes Risikoereignis eintritt und ist ansonsten gleich 0. Wir betrachten nun eine Stichprobe $i_1, \ldots, i_n$ dieser Größe.

Ziel der logistischen Regression ist es, den linearen Einfluss eines metrischen skalierten Faktors – bzw. mehrerer metrisch skalierter Faktoren im multiplen Fall – auf die Wahrscheinlichkeit $P(I = 1) = p$ zu beschreiben.

Der Einfachheit beschränken wir uns zunächst auf einen metrisch skalierten Faktor X. Ein Ansatz $p = a + bx$ führt zu dem Problem, dass die die Forderung $0 \leq p \leq 1$ nicht unbedingt erfüllt ist. Diese Forderung wird aber durch die so genannte logistische Transformation

$$p(x) = \frac{e^{a+bx}}{1 + e^{a+bx}} \tag{4.12}$$

gewährleistet. Die logit-Transformation $\text{logit}(p(x)) = \log\left(\frac{p(x)}{1-p(x)}\right)$ führt dann zu einem linearen Ansatz:

$$\text{logit}(p(x)) = a + bx. \tag{4.13}$$

Im multiplen Fall mit k Faktoren $X_1, \ldots, X_k$ verallgemeinert sich (4.13) zu

$$\text{logit}(p(x_1, \ldots, x_k)) = b_0 + b_1 x_1 + \ldots + b_k x_k. \tag{4.14}$$

Die Bestimmung der Parameter erfolgt mit der Maximum-Likelihood-Methode und soll hier nicht weiter betrachtet werden. Eine ausführliche und detaillierte Herleitung ist in [16] zu finden. Sinnvollerweise erfolgt die Modellierung in der Praxis mit Hilfe eines geeigneten Software-Tools wie R, Minitab, JMP oder Matlab. Die Anwendung ist meist recht intuitiv. In Minitab 17 gelangt man beispielsweise über „Statistik-Regression-Binäre logistische Regression" zu der Anwendung.

Beispiel: Explosion der Raumfähre Challenger (Darstellung nach [16])

Im Januar 1986 explodierte die Raumfähre Challenger beim Start in Cape Canaveral. Grund war der Ausfall von Dichtungsringen an den Triebwerken durch Materialermüdung. Es konnte ein Zusammenhang zwischen der Außentemperatur beim Start und dem Ausfall von Dichtungsringen ermittelt werden. Tab. 4.7 enthält die Daten von 23 Starts.

Die mittels Minitab erzielten Ergebnisse der logistischen Regressionsanalyse sind in Abb. 4.13 zu finden. Für die Koeffizienten nach (4.13) gilt: $a = 15{,}04$ und $b = -0{,}232$.

Die Ausfallwahrscheinlich ist dann nach (4.12) durch

$$p(T) = \frac{e^{15{,}04-0{,}232T}}{1 + e^{15{,}04-0{,}232T}}$$

Tab. 4.7 Außentemperatur (°F) und Ausfall („0“: kein Ausfall; „1“: Ausfall) von Dichtungsringen bei 23 Starts der Raumfähre Challenger. Daten aus [13]

Start	Temperatur (°F)	Ausfall
1	66	0
2	67	0
3	68	0
4	70	0
5	72	0
6	75	0
7	76	0
8	79	0
9	53	1
10	58	1
11	70	1
12	75	1
13	67	0
14	67	0
15	69	0
16	70	0
17	73	0
18	76	0
19	78	0
20	81	0
21	57	1
22	63	1
23	70	1

gegeben, wobei T die Außentemperatur bezeichnet. Abb. 4.14 zeigt den Verlauf der Ausfallwahrscheinlichkeit für einen Temperaturbereich von 30 °F bis 90 °F. Am Tag des Unglücks betrug die Außentemperatur 31 °F, was zu einer Ausfallwahrscheinlichkeit einer Dichte von 99,96 % führt, d. h. $p(31) = 0{,}9996$.

► **Wichtig** Mit Hilfe der logistischen Regression kann die Auftretenswahrscheinlichkeit eines Risikoereignisse modelliert werden.

4.3.4 Die Improve-Phase

In der Improve-Phase eines Six Sigma-Projektes werden Lösungen ausgewählt, verfeinert, getestet und bewertet. Im Risikomanagement beziehen sich diese Lösungen auf die Beseitigung von „Risikoproblemen“.

► **Wichtig** In der Improve-Phase eines Six Sigma-Projektes im Risikomanagement werden Lösungen zur Risikosteuerung und -bewältigung, zur Risikovermeidung

Abb. 4.13 Ergebnisse der logistischen Regression

```
Koeffizienten

Term                Koef  SE Koef   VIF
Konstante          15,04     7,38
Temperatur (°F)   -0,232    0,108  1,00


Chancenverhältnisse für stetige Prädiktoren

                  Chancenverhältnis        95%-KI
Temperatur (°F)              0,7928  (0,6413; 0,9802)


Regressionsgleichung

p(1)  =  exp(Y')/(1 + exp(Y'))


Y' = 15,04 - 0,232 Temperatur (°F)


Tests auf Güte der Anpassung

Test              DF  Chi-Quadrat  p-Wert
Abweichung        21        20,32   0,501
Pearson           21        23,17   0,335
Hosmer-Lemeshow    8         9,71   0,286
```

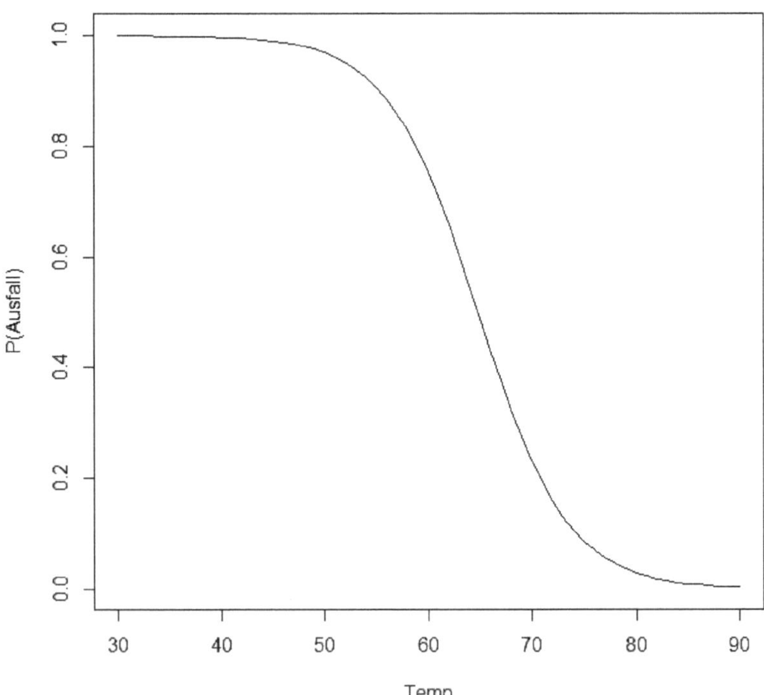

Abb. 4.14 Zusammenhang zwischen der Außentemperatur und der Ausfallwahrscheinlichkeit

Thema 1		Lösung 2		Lösung 3	
Kriterium	Gewichtung	Punkte	Teilnutzen	Punkte	Teilnutzen
Kriterium 1	4	5	20	5	20
Kriterium 2	2	3	6	5	10
Kriterium 3	1,5	4	6	5	7,5
Kriterium 4	0,5	2	1	1	0,5
Kriterium 5	0,25	1	0,25	5	1,25
Kriterium 6	1,75	5	8,75	5	8,75
Summe	10		42		48

Gesamtnutzwert

Abb. 4.15 Prioritätenmatrix

bzw. Risikoreduzierung und zur Risikoteilung sowie Risikoübertragung ausgewählt und bewertet. Grundlage hierfür sind die in der Analyze-Phase erfolgte Identifikation der Risikoursachen und die Modellierung des Zusammenhangs zwischen Ursachen und Risikokenngrößen.

Die Werkzeuge eines klassischen Six Sigma-Projektes lassen sich hier allerdings nur eingeschränkt einsetzen. Beispielsweise kann die statistische Versuchsplanung eher nicht zum Einsatz kommen, da bei der Betrachtung von Risiken Experimente kaum sinnvoll sind. Verbleibende sinnvolle Werkzeuge im Sinne des Risikomanagements sind

- Ergänzende lineare Modelle;
- Prioritätenmatrix für mögliche Lösungen;
- Poka-Yoke zur Fehlervermeidung;
- Kreativitätstechniken: Brainstorming, Anti-Lösung-Brainstorming, Brainwriting, usw.;
- Pilotprogramme.

Natürlich können auch in der Improve-Phase Methoden und Werkzeuge aus der Analyse-Phase weiter eingesetzt werden. Dies bezieht sich insbesondere auf lineare Modelle, d. h. Regressions- und Varianzanalysen, die bei der Bewertung von Risikoreduzierungs- und -vermeidungsstragien nützlich sind

Wurden mehrere Lösungen erarbeitet, so stellt sich das Problem der Lösungsauswahl. In der Literatur gibt es zahlreiche Methoden und Kreativitätstechniken zur Auswahl der besten Lösung, vgl. [12]. Die Prioritätenmatrix beispielsweise beruht auf gewichten Kriterien nach denen die Lösungen bewertet werden, vgl. Abb. 4.15.

Poka-Yoke stammt aus dem Japanischen und bedeutet „unglückliche Fehler“ vermeiden. Die Methode ist wesentlicher Bestandteil des Toyota-Produktionssystem (TPS), sie-

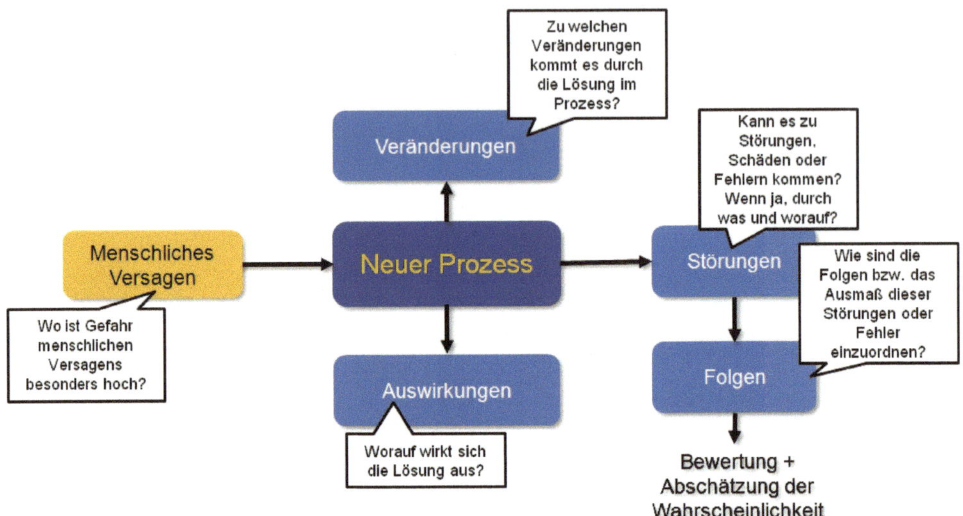

Abb. 4.16 Brainstorming

he [17]. Die Methode beruht einerseits auf dem Prinzip einer präventiven – oder zumindest frühestmöglichen – Fehlererkennung und andererseits auf der Vermeidung einfacher, menschlicher Fehler durch bestimmte konstruktive oder weitere Maßnahmen. Typisches Beispiel ist die Dimensionierung von Zapfpistolen an Tankstellen, die das Betanken des Fahrzeugs mit dem falschen Kraftstoff verhindert. Beide Prinzipien lassen sich natürlich auf das Risikomanagement übertragen.

► **Wichtig** Im Risikomanagement beruht Poka Yoke auf

- dem frühzeitigen Erkennen und Identifizieren von Risiken sowie
- dem Implementieren von Methoden, die das Eintreten von Risiken verhindern.

Methoden zum Erkennen und Identifikation von Risiken werden in vorhergehenden Abschnitten behandelt: Genannt seien beispielsweise die FMEA aus Abschn. 2.1 und die linearen Modelle aus Abschn. 4.3.3.2. Methoden zur Risikoüberwachen werden in Abschn. 3.6 diskutiert.

Die Methoden zur Verhinderung des Eintritts von Risiken sind anwendungsspezifisch. Im Falle der Betrachtung von Produktionssystemen sei auf präventive Instandhaltungsstrategien im Sinne des TPM-Ansatzes verweisen, wobei TPM für „total productive maintenance“ steht. Eine ausführliche Darstellung der entsprechenden Methoden ist in [18] zu finden.

Bei Kreativitätstechniken geht es um die Sammlung und Auswahl von Ideen im Team, vgl. Abb. 4.16. Die Moderation des Brainstormings ist dabei entscheidend für den Erfolg der Sitzung. Es gibt eine ganze Reihe verschiedener Varianten zur Ideensammlung:

- Flip-Chart: Der Moderator sammelt die Ideen und schreibt sie auf.
- Metaplan-Wand: Der Moderator sammelt zunächst die Ideen, schreibt sie auf und platziert sie unstrukturiert an der Wand. Anschließend erfolgt eine Clusterung durch das gesamte Team. Im nächsten Schritt können Teammitglieder weitere eigene Ideen den Clustern zuordnen.

Beim Anti-Lösung-Brainstorming wird versucht, eine Blockade bei der Lösungsfindung zu überwinden. Dies erfolgt über die Analyse von Anti-Lösungen, die die Situation noch verschlimmern würden. Dabei gelten wiederum die Brainstorming-Regeln. In der Praxis wird oft mit roten und grünen Karten gearbeitet, die für eine Anti-Lösung bzw. Lösung stehen.

Ausgewählte Lösungen werden im Idealfall im Rahmen eines Pilotprogramms umgesetzt, da keine Erfahrungen zur Wirksamkeit vorliegen. Ziele eines Pilotprogramms sind

- eine Bestätigung der Erwartungen;
- das Aufdeckung von Schwächen;
- das Erfassen der Auswirkungen;
- die Überprüfung der Akzeptanz;
- das Sammeln von Erfahrungen für die Implementierung;
- eine weitere Optimierung der Lösungen und
- eine schnellere Umsetzung von Teillösungen.

Ein Pilotprogramm ist insbesondere sinnvoll, wenn die Veränderungen in großem Umfang erfolgen sollen, wenn die Lösung weit reichende, unvorhersehbare Konsequenzen mit sich ziehen könnte. Und natürlich auch, wenn die Umsetzung der Lösung sehr kostenintensiv oder kaum reversibel ist.

Voraussetzung für den Erfolg eines Pilotprogramms ist zunächst die Auswahl eines geeigneten Pilotbereichs, für den ein Implementierungsplan unter Beteiligung der Führung und der Mitarbeiter zu entwickeln ist.

4.3.5 Die Control-Phase

Grundlegende Ziele der Control-Phase sind die Lenkung der relevanten, nun verbesserten, Prozesse über ihre wesentlichen Kenngrößen und letztendlich die Sicherstellung eines nachhaltigen Erfolgs des Six Sigma-Projektes. Im Risikomanagement erfolgt hier insbesondere die Risikoüberwachung. Die entsprechenden Methoden hierfür wurden in Abschn. 3.6 erläutert.

> **Wichtig** Die Control-Phase eines Six Sigma-Projektes im Risikomanagement umfasst Methoden zur Risikoüberwachung. Zudem werden die verbesserten Prozesse zur Risikovermeidung bzw. Risikoreduzierung, Risikoteilung und Risikoübertragung sowie zur Risikoannahme dokumentiert.

Konkrete Werkzeuge in der Control-Phase sind

- Prozessdokumentationen;
- Control Charts (Regelkarten);
- Reaktions- und Maßnahmenpläne;
- Prozessmanagementdiagramme;
- die Projektdokumentation und
- der Projektabschluss (Abschlusspräsentation).

Risikomanagement nach ISO 31000 und Bezug zu weiteren Managementsystemen 5

Aspekte des Risikomanagements sind auf mittlerweile Bestandteil der Qualitätsmanagementnorm DIN EN ISO 9001:2015, siehe [4] und Kap. 2. In dieser Norm wurde mit der Forderung nach einem risikobasierten Ansatz die Pflicht für Organisationen formuliert, entsprechende Risikomanagement-Methoden einzusetzen.

In diesem Abschnitt sollen nun zunächst ein Risikomanagementsystem nach ISO 31000:2009, vgl. [11] und das Zusammenwirken mit weiteren Managementsystemen behandelt werden.

5.1 Risikomanagement nach ISO 31000:2009

Die Norm ISO 31000 ist die einzige internationale Norm mit Bezug zum Risikomanagement. Nach [9] liegt der Ursprung der Norm im australischen bzw. neuseeländischen Standard AS/NZS 4360:2004 aus dem Jahr 2004 und in der österreichischen Normregel ONR 4900x „Risikomanagement für Organisationen und Systeme". Zu erwähnen ist insbesondere, dass die ONR-49000er-Reihe eine deutsche Übersetzung der ISO 31000 enthält und zusätzlich als Praxisanleitung genutzt wird.

Ein Risikomanagementsystem kann nicht nach ISO 31000:2009 zertifiziert werden: Die Norm enthält keine direkten Anforderungen an ein Risikomanagementsystem, sondern beschreibt Grundsätze des Risikomanagements und erläutert die Vorgehensweise. Die beschriebenen Grundsätze und Verfahren zum Risikomanagement sollen allgemein gültig sein. Sie können somit in allen Bereichen, in denen Risiken auftreten, zur Anwendung kommen und sind nicht auf spezifische Branchen und Anwendungsbereich fokussiert.

▶ **Wichtig** Die Norm ISO 31000:2009 baut auf nationalen Standards aus Australien, Neuseeland und Österreich auf. Eine Zertifizierung nach dieser Norm ist nicht möglich.

K. Wälder, O. Wälder, *Methoden zur Risikomodellierung und des Risikomanagements*,
DOI 10.1007/978-3-658-13973-5_5

Die Norm ISO 31000:2009 gliedert sich grob in die drei Teile: die Grundsätze des Risikomanagements, die Gestaltung des Rahmens eines Risikomanagementsystems und den Risikomanagementprozess. Folgende Grundsätze des Risikomanagements werden genannt:

- Risikomanagement schafft Werte;
- Risikomanagement ist Bestandteil der Organisationsprozesse;
- Risikomanagement befasst sich ausdrücklich mit der Unsicherheit;
- Risikomanagement ist systematisch, strukturiert und zeitgerecht;
- Risikomanagement nützt alle verfügbaren Informationen;
- Risikomanagement berücksichtigt menschliche und kulturelle Faktoren;
- Risikomanagement ist transparent;
- Risikomanagement ist dynamisch, interaktiv und in der Lage, auf Veränderungen zu reagieren;
- Risikomanagement trägt zur kontinuierlichen Verbesserung bei.

Die Norm ISO 31000 definiert Risikomanagement als Führungsaufgabe hinsichtlich der Identifizierung, Analyse und Bewertung von Risiken. Im Rahmen dieser Führungsaufgabe umfasst der Risikomanagementprozess dabei

- das Feststellen des Kontexts (establishing the context);
- die Risikoidentifizierung (risk identification);
- Risikoanalyse (risk analysis) und Risikobewertung (risk evaluation):
  Diese beiden Punkte werden oft zur Risikobeurteilung (risk assessment) zusammengefasst.
- Die Risikosteuerung und -bewältigung (risk treatment);
- die Risikovermeidung (risk avoidance), wenn die Kosten vertretbar sind;
- die Risikoreduzierung (risk reduction): entweder durch Verringerung der Eintrittswahrscheinlichkeit oder durch eine Minderung der Folgen;
- die Risikoteilung (risk sharing): Aufteilung des Risikos bzw. der Verantwortung für die Bewältigung auf mehrere Stellen;
- die Risikoübertragung (risk transfer), z. B. an eine Versicherung;
- die Risikoannahme (risk acceptance, auch risk retention): beispielsweise durch das Bilden entsprechender Rückstellungen;
- die Risikoüberwachung und –überprüfung (risk monitoring and review) und
- das Sichern von Erfahrungen bzw. Risikoaufzeichnungen (risk documentation).

Abb. 5.1 visualisiert den Risikomanagementprozess. Der Rahmen des Risikomanagementsystems definiert die Risikopolitik, bezieht interne und externe Stakeholder ein und verweist auf notwendige Rahmenbedingungen.

Die obigen Grundsätze des Risikomanagements enthalten auch einen Beitrag zur kontinuierlichen Verbesserung. Grundlage eines kontinuierlichen Verbesserungsprozesses im

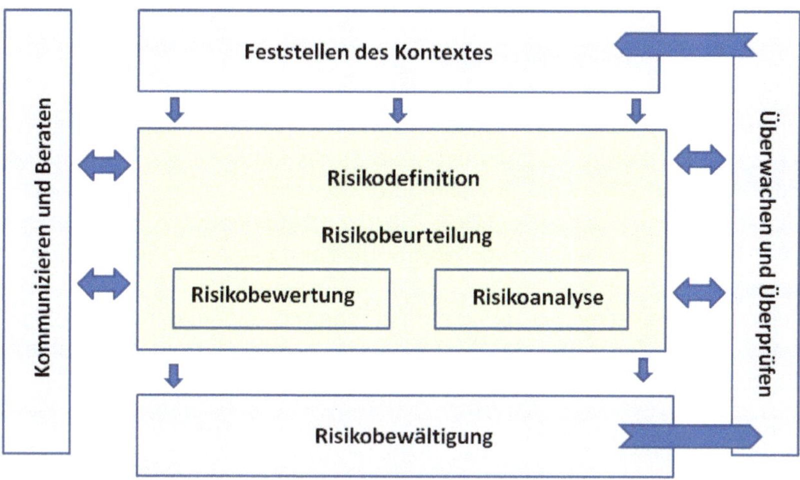

Abb. 5.1 Der Risikomanagement nach ISO 31000

Qualitätsmanagement ist der Deming-Kreis oder PDCA-Zyklus mit den vier Phasen „Plan – Do – Check – Act", siehe [4] und [17] sowie Abb. 5.2. Die Norm ISO 31000:2009 nimmt daher auch explizit Bezug auf den PDCA-Zyklus. Insbesondere erläutert sie wie die Risikosteuerung im Rahmen dieses Phasenmodells erfolgen soll: Durch das Management der Organisation werden in der P-Phase die Risikopolitik und die Ziele des Risikomanagements festgelegt. Die Umsetzung erfolgt dann mittels des Risikomanagementprozesses in der Do-Phase. In der anschließenden Check-Phase erfolgen die Auswertung und Analy-

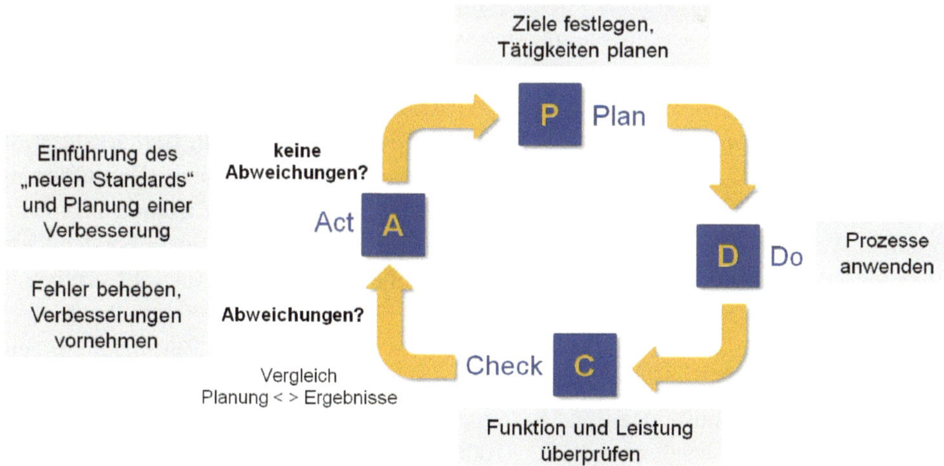

Abb. 5.2 PDCA-Zyklus

se der erzielten Ergebnisse. Die abschließende Act-Phase definiert den erreichten neuen Standard des Risikomanagementsystems.

> **Wichtig** Risikomanagement nach ISO 31000 weist einen grundlegenden Unterschied zur in Abschn. 4.3 diskutierten Six Sigma-Methode auf: Risikomanagement nach ISO 31000 kommt während der gesamten Lebensdauer der Organisation zur Anwendung. Der PDCA-Zyklus wird kontinuierlich durchlaufen. An einen Regelkreis schließt sich im Rahmen der kontinuierlichen Verbesserung ein neuer an.
> Demgegenüber ist die die Six Sigma-Methode projektorientiert. Ein Six Sigma-Projekt ist terminiert. Der DMAIC-Zyklus wird einmal und nicht kontinuierlich durchlaufen.

Trotz des oben beschriebenen grundsätzlichen Unterschieds zwischen der Six Sigma-Methode und dem Risikomanagementansatz nach ISO 31000 weisen beide Ansätze natürlich Gemeinsamkeiten auf: Der PDCA- und auch der DMAIC-Zyklus stellen jeweils einen Ansatz zur systematischen, logischen Problemlösung dar. Beide Ansätze greifen teilweise auf die gleichen Werkzeuge und Methoden zurück, die in den vorhergehenden Kapiteln behandelt wurden.

Risikomanagement ist nach der Norm ISO 31000: 2009 eine Führungsaufgabe. Für die oberste Leitung einer Organisation ergeben sich insbesondere die folgenden Aufgaben:

- Förderung des Risikobewusstseins der Organisation;
- Bereitstellung der notwendigen Ressourcen;
- Kooperation mit internen und externen Prüfern;
- Kooperation mit dem Risikomanager;
- Durchsetzung der Vorgaben des Risikomanagementsystems über den Risikomanager;
- Veranlassung der Weiterentwicklung des Systems.

Der Risikomanager ist – in Analogie zum Qualitätsmanagementbeauftragten im Rahmen eines Qualitätsmanagementsystems – der zentrale Ansprechpartner in der Organisation für alle Belange des Risikomanagements. Er verantwortet insbesondere die Durchführung des Aufbaus, die Implementierung und die Weiterentwicklung des Risikomanagementsystems. Weiterhin unterstützt der Risikomanager die weiteren Beteiligten bei der Identifikation von Risiken, bei der Bewertung von Risiken und bei der Auswahl geeigneter Methoden. Zu den weiteren Beteiligten im Sinne der ISO 31000 gehören der Risikoverantwortliche und der Risikoeigner. Eine formale Ausbildung und Zertifizierung zum Risikomanager ist mittlerweile recht verbreitet und kann gemäß ONR 49003 „Risikomanagement für Organisationen und Systeme – Anforderungen an die Qualifikation des Risikomanagers – Anwendung von ISO 31000 in der Praxis" erfolgen.

Der Risikoverantwortliche ist in der Regel eine Führungskraft in der Organisation, die für die Steuerung von Risiken in einem definierten Bereich organisatorischer oder fachlicher Zuständigkeiten verantwortlich ist. Die Kernkompetenzen des Risikoverantwortlichen liegen in der Bewertung von Risiken in seinem Zuständigkeitsbereich sowie der Steuerung der Ressourcen bezüglich der eingeleiteten Maßnahmen.

Der Risikoeigner im Sinne der ISO 31000 ist ein Mitarbeiter der Organisation, der auf Grund seiner Tätigkeiten mit dem entsprechenden Risiko konfrontiert wird. Der Risikoeigner führt somit risikobehaftete Aktivitäten durch oder veranlasst zumindest deren Durchführung. Im Sinne des Risikomanagementsystems sollte der Risikoeigner befähigt sein, Risiken zu identifizieren und zu bewerten und Steuerungsmaßnahmen auszuführen.

Eine detaillierte Darstellung der Rollen in einem Risikomanagementsystem ist in [9] zu finden. Neben der oben besprochenen Weiterbildung zum Risikomanager sind Inhalte des Risikomanagements heute Bestandteil der Curricula vieler ingenieur- und wirtschaftswissenschaftlicher Studiengänge. Darüber hinaus bieten zahlreiche Hochschulen Master-Studiengänge zum Thema Risikomanagement an. Allerdings liegen die Schwerpunkte der eigenständigen Studiengänge meist im Bereich der Finanzdienstleistungen.

> **Wichtig** Unternehmen und Organisationen implementieren ein Risikomanagementsystem nur, wenn dies zu Vorteilen führt. Im betriebswirtschaftlichen Sinne ist der Nutzen eines Risikomanagementsystems letztlich in der Reduktion der Wahrscheinlichkeit des Auftretens existenzieller oder zumindest schwerwiegender Risikoereignisse und der Reduzierung von Risikokosten im weitesten Sinne zu sehen.

Gerade im Hinblick auf die revidierte Qualitätsmanagement-Norm ISO 9001 wird deutlich, dass das isolierte Einführen eines Risikomanagementsystems wenig sinnvoll ist.

> **Wichtig** Ein Risikomanagementsystem sollte im Rahmen eines integrierten Managementsystem (IMS) realisiert werden und innerhalb dieses Rahmens mit weiteren Managementsystemen zusammenwirken.

Die Integration eines Risikomanagementsystems in ein integriertes Managementsystem wird im folgenden Abschnitt behandelt.

5.2 Risikomanagement im Zusammenwirken mit weiteren Managementsystemen

Die DIN EN ISO 9000:2005 (siehe [3]) definiert Grundbegriffe des Qualitätsmanagements, erläutert aber auch Grundlegendes zu Prozessen, Systemen und insbesondere auch Managementsystemen. Nach dieser Norm ist ein Managementsystem ein System zum Festlegen von Politik und Zielen sowie zum Erreichen dieser Ziele.

Branchenübergreifende Managementsysteme in diesem Sinne sind ohne den Anspruch der Vollständigkeit

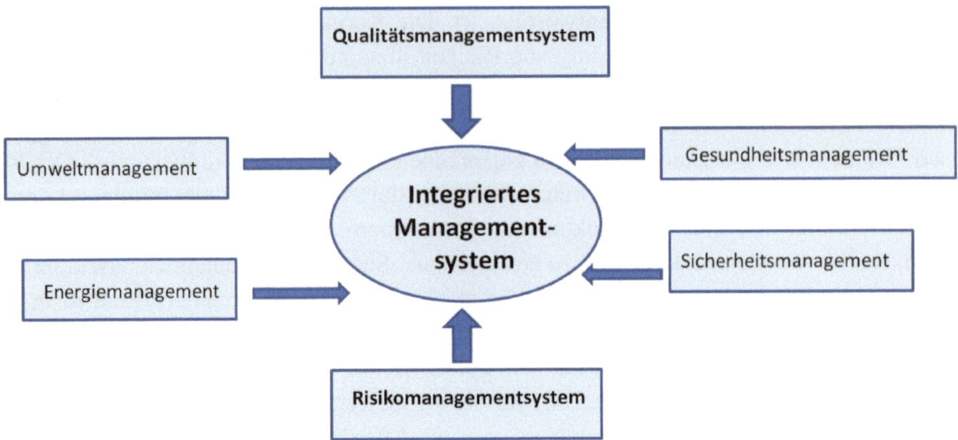

Abb. 5.3 Integriertes Managementsystem

- Qualitätsmanagementsysteme nach DIN EN ISO 9001:2015;
- Umweltmanagementsysteme nach DIN EN ISO 14001:2015;
- Energiemanagementsysteme nach DIN EN ISO 50001:2011;
- Lebensmittelsicherheitssysteme nach DIN EN ISO 22000:2005;
- Managementsysteme zum Arbeitsschutz nach OHSAS 18001;
- Risikomanagementsysteme nach ISO 31000:2009.

OHSAS 18001 („occupational health and safety assessment series") ist dabei eine Norm aus dem Vereinigten Königreich, die sich eng an die ISO 9001 anlehnt.

Neben diesen „globalen" Managementsystemen gibt es eine ganze Reihe branchenspezifischer Normen und Managementsysteme. Am bekanntesten ist wohl die ISO/TS 16949, siehe [10]. Diese Norm und technische Spezifikation (TS) baut auf der ISO 9001 auf. In Ergänzung zu nationalen Regelwerken wie VDA 6.x in Deutschland oder der Norm QS 9000 aus den USA wurde mit der ISO/TS 16949 ein harmonisiertes Regelwerk geschaffen, das global tätigen Zuliefern in der Automobilindustrie die Zertifizierung nach dieser globalen Norm erlaubt. Die amerikanische QS 9000 wurde daher mittlerweile zurückgezogen.

Eine branchenspezifische Norm aus der Medizintechnik mit Bezug zum Risikomanagement stellt die DIN EN ISO 14971:2013 „Medizinprodukte – Anwendung des Risikomanagements auf Medizinprodukte" dar. In dieser Norm werden Aspekte des Risikomanagements wie die Risikoanalyse, die Risikobewertung, die Risikosteuerung sowie die Risikokommunikation definiert und erläutert, siehe [5] und [9].

Aus den obigen Ausführungen wird deutlich, dass ein Unternehmen oder eine Organisation durchaus mehrere Managementsysteme implementieren kann und gegebenenfalls auch muss, siehe auch Abb. 5.3. Dabei ist das unabhängige Einführen und Aufrechterhalten mehrerer Managementsysteme weder aus logischen Gründen sinnvoll, noch im

Hinblick auf den Ressourceneinsatz vertretbar. Die Lösung liegt in der Implementierung eines so genannten integrierten Managementsystems (IMS).

> **Wichtig** In einem integrierten Managementsystem (IMS) werden verschiedene Managementsysteme berücksichtigt. Ein IMS nutzt Synergien und schont Ressourcen.
> Das „Leitmanagementsystem" ist in der Regel das Qualitätsmanagementsystem nach ISO 9001.

Eine Zertifizierung eines integrierten Managementsystems nach einer internationalen Norm ist nicht möglich. Allerdings können verschiedene Managementsysteme in ein Qualitätsmanagementsystem nach DIN EN ISO 9001:2015 unter Einhaltung den jeweiligen spezifischen Normen integriert werden. Hierfür bieten zahlreiche Zertifizierer auch eine Zertifizierung an.

Die historische Entwicklung von Managementsystemen beginnt mit dem Qualitätsmanagementsystem. Insbesondere seit der Einführung der ISO 9000-Normenreihe im Jahr 1987 dient die ISO 9001 den Normen weiterer Managementsysteme als Vorlage, die branchen- und anwendungsspezifisch erweitert wird. Aus dieser historischen Entwicklung heraus ist die Rolle des Qualitätsmanagementsystems als Leitsystem sehr gut nachvollziehbar. Explizit formuliert werden diese Rolle und der damit verbundene Anspruch allerdings erst ab der DIN EN ISO 9001:2015, insbesondere im Hinblick auf die so genannte High Level Structure (HLS) der ISO 9001:2015. Die HLS ist eine übergeordnete Struktur, die den Aufbau neuer und die Überarbeitung bestehender ISO-Managementsystemnormen vereinheitlichen soll. Obwohl die erste nach dieser Struktur entwickelte Norm die ISO 50001 für Energiemanagementsysteme ist, ändert dies nichts an der Leitrolle des Qualitätsmanagementsystems. Grund hierfür ist, dass die zentrale Idee aller Managementsysteme die kontinuierliche Verbesserung ist, die im Rahmen des PDCA- oder Deming-Kreises umgesetzt wird. Dieser Regelkreis hängt aber ganz unmittelbar mit der Entwicklung des Qualitätsmanagements zusammen. William Edwards Deming (1900–1993), nach dem der Zyklus benannt ist, ist einer der Entwickler des Qualitätsmanagements und wird neben Philip B. Crosby und Joseph M. Juran – zu Recht – als einer der drei „Qualitätsgurus" verehrt, siehe auch [17] und [19].

> **Wichtig** Der PDCA-Zyklus ist Grundlage aller Managementsysteme.

Ein spezieller Ansatz für ein IMS unter Einbeziehung des Risikomanagements wird in [9] vorgestellt. Die Autoren sprechen von einem integrativen Risikomanagementsystem (IRMS) und zeigen auf, wie ein solches Managementsystem in 7 Schritten eingeführt werden kann. Zentrale Idee ist dabei die Berücksichtigung bestehender Steuerungsmethoden – insbesondere im Hinblick auf bereits implementierte Managementsysteme.

Im vorbereitenden Schritt 0 werden die Erwartungen der Unternehmensleitung an das zu implementierende System formuliert.

Schritt 1 umfasst die Analyse bestehender Steuerungselemente und -mechanismen. Insbesondere werden hier auch die Mängel in vorhandenen Prozessen festgestellt.

Schritt 2 beschäftigt sich mit der Formulierung risikopolitischer Grundsätze, auch im Hinblick auf notwendige Rahmenbedingungen für die Implementierung.

Schritt 3 befasst sich mit einer Risikokategorisierung und gegebenenfalls auch einer Priorisierung. Als Ergebnis können beispielsweise Risikolisten im Sinne einer FMEA vorliegen, vgl. Abschn. 2.1.

Schritt 4 ist einer klassischen Risikoanalyse gewidmet. Für priorisierte Risiken liegen als Ergebnis beispielsweise Risikoblätter vor, die mögliche Schäden beschreiben und Frühindikatoren benennen.

In Schritt 5 werden aufbauend auf den vorherigen Schritten Steuerungsmaßnahmen definiert und umgesetzt, wobei für unterschiedliche Risiken bewusst unterschiedliche Steuerungsmaßnahmen eingeführt werden.

Der abschließende Schritt 6 umfasst Methoden der Risikoüberwachung bzw. des Risikomonitorings.

An dieser Stelle muss aber nochmals darauf verweisen werden, dass kontinuierliche Verbesserung im Risikomanagement nicht ausreicht. Auf existenzbedrohende Risiken kann offensichtlich nicht mit einer Verbesserung in kleinen Schritten – wie sie charakteristisch ist für einen kontinuierlichen Verbesserungsprozess – reagiert werden. In einem solchen Fall muss Risikomanagement projektorientiert umgesetzt werden. Geeignet hierfür ist dann insbesondere die Six Sigma-Methode in ihrer speziellen Ausrichtung auf das Risikomanagement, siehe hierzu Abschn. 4.3.

► **Wichtig** Die Six Sigma-Methode kann in den PDCA-Zyklus eines Risikomanagements nach ISO 31000 eingebunden werden. Dies erfolgt dadurch, dass in der Act-Phase mittels eines Six-Sigma-Projektes ein neuer Standard des Risikomanagementsystems erreicht wird. Beispielsweise durch das Eliminieren besonders schwerwiegender Risiken.

Literatur

1. Chiu, S.N., Stoyan, D., Kendall, W.S. und Mecke, J., 2013: Stochastic Geometry and Its Applications (3rd edition). John Wiley and Sons, Chichester.
2. Cottin, C. und Döhler, S., 2013: Risikoanalyse (2. Auflage). Springer Spektrum, Wiesbaden.
3. DIN EN ISI 9000, 2005: Qualitätsmanagementsysteme – Grundlagen und Begriffe.
4. DIN EN ISO 9001, 2015: Qualitätsmanagementsystem – Anforderungen.
5. DIN EN ISO 14971:2013 „Medizinprodukte – Anwendung des Risikomanagements auf Medizinprodukte".
6. DIN 25424, 1981: Fehlerbaumanalyse.
7. DIN EN 61025, 2007: Fehlerzustandsbaumanalyse.
8. Hartung, J., Elpelt, B. und Klösener, K.-H., 2009: Statistik: Lehr- und Handbuch der angewandten Statistik, Oldenbourg Verlag, München.
9. Illetschko, S., Käfer, R. und Spatzierer, K., 2014: Risikomanagement. Praxisleitfaden zur integrativen Umsetzung. Carl Hanser Verlag, München.
10. ISO/TS 16949: 2009: Qualitätsmanagementsysteme. Beseondere Anforderungen bei der Anwendung von ISO 9001:2008 für die Serien- und Ersatzteilproduktion in der Automobilindustrie (3. Auflage). VDA.
11. ISO 31000, 2009: Risk management – Principles and guidelines.
12. Lunau, S. (Hrsg.), Meran, R., John, A., Staudter, C. und Roenpage, O., 2012: Six Sigma+Lean Toolset: Mindset zur erfolgreichen Umsetzung von Verbesserungsprojekten. Springer Gabler, Wiesbaden.
13. McNeil, A.J., Frey, R. und Embrechts, P., 2015: Quantitative Risk Management: Concepts, Techniques, Tools. Princeton University Press, Princeton.
14. Meyna, A. und Pauli, B., 2010: Zuverlässigkeitstechnik. Quantitative Bewertungsverfahren. Carl Hanser Verlag, München.
15. Qualitäts Management Center (QMC) im Verband der Automobilindustrie (VDA); 2011: VDA Band 4 (2. Auflage). Eigenverlag, Berlin.
16. Sachs, L. und Hedderich, J., 2006: Angewandte Statistik. Methodensammlang mit R (12., vollständig neu bearbeitete Auflage), Springer-Verlag, Berlin. Heidelberg.
17. Schmitt, R. und Pfeifer, T., 2010: Qualitätsmanagement. Strategien – Methoden – Techniken (4., vollständig überarbeitete Auflage), Carl Hanser Verlag, München.

K. Wälder, O. Wälder, *Methoden zur Risikomodellierung und des Risikomanagements*,
DOI 10.1007/978-3-658-13973-5

18. Strunz, M., 2012: Instandhaltung: Grundlagen – Strategien – Werkstätten. Springer Vieweg, Heidelberg.
19. Wälder, K. und Wälder, O., 2013: Statistische Methoden der Qualitätssicherung. Praktische Anwendung mit MINITAB und JMP. Carl Hanser Verlag, München.
20. Wappis, J. und Jung, B., 2010: Taschenbuch Null-Fehler-Management. Carl Hanser Verlag, München.
21. Weis, U., 2009: Risikomanagement nach ISO 31000. Weka Media, Kissing.

Sachverzeichnis